U0377350

数码摄影
实拍技法
零基础入门与提高

郑志强　编著

人民邮电出版社

北　京

图书在版编目（ＣＩＰ）数据

数码摄影实拍技法零基础入门与提高 / 郑志强编著
. -- 北京 ：人民邮电出版社，2023.5
ISBN 978-7-115-60946-5

Ⅰ．①数… Ⅱ．①郑… Ⅲ．①数字照相机－摄影技术
Ⅳ．①TB86②J41

中国国家版本馆CIP数据核字(2023)第013807号

内 容 提 要

本书是摄影零基础入门与提高系列的摄影实拍技法篇。本书侧重于实拍技法的传授，旨在让广大摄影爱好者真正掌握数码摄影的取景构图、色彩搭配、用光、布光等实用技法，尽享摄影的乐趣。本书主要内容包括自然风光摄影实拍技法、城市与园林风光摄影实拍技法、人像摄影实拍技法、纪实摄影实拍技法、花卉摄影实拍技法、星空摄影实拍技法、手机摄影实拍技法、短视频入门等。只要按照书中的方法勤加练习，不断积累经验，相信在不久的将来，你也会成为数码摄影高手。

本书内容系统全面，配图精美，文字通俗易懂，将不同题材的摄影技法融入具体案例中，适合广大摄影爱好者和想要精进摄影技法的读者阅读学习。

◆ 编　　著　郑志强
　　责任编辑　胡　岩
　　责任印制　陈　犇

◆ 人民邮电出版社出版发行　　北京市丰台区成寿寺路 11 号
　　邮编　100164　　电子邮件　315@ptpress.com.cn
　　网址　https://www.ptpress.com.cn
　　雅迪云印（天津）科技有限公司印刷

◆ 开本：700×1000　1/16
　　印张：11　　　　　　　　　　2023 年 5 月第 1 版
　　字数：210 千字　　　　　　　2023 年 5 月天津第 1 次印刷

定价：69.80 元

读者服务热线：(010)81055296　印装质量热线：(010)81055316
反盗版热线：(010)81055315
广告经营许可证：京东市监广登字 20170147 号

随着数字影像艺术和科技的不断进步以及大众生活水平的不断提高，喜爱摄影艺术的用户越来越多。用户虽然可以通过交流提高自己的摄影水平，但通过专业的教程学习，则可以最大限度地完善自己的摄影知识体系，为以后的摄影学习和实践打下坚实基础。

从本质上说，学习摄影与学习其他艺术门类并没有太大不同，用户在掌握一些摄影基础理论知识后，都要经过大量的实拍训练才能做到真正入门和精通。本书就是针对部分用户急需的实拍经验而撰写的实拍教程。

本书包含自然风光、城市风光、人像、纪实、花卉、星空等典型摄影题材的大量实拍技巧，另外还对当前流行的手机摄影及短视频相关的知识进行了大致介绍。

本书内容全面，语言简洁、流畅，适合广大摄影爱好者和想要精进摄影技法的摄影师阅读与参考。

目录

第1章 自然风光摄影

第2章 城市与园林风光摄影

第3章 人像摄影

第 4 章　纪实摄影

第 5 章　花卉摄影

第 6 章　星空摄影

第 7 章　手机摄影

第8章 短视频入门

第 1 章
自然风光摄影

自然风光是摄影创作当中最庞大的题材之一，这个题材涵盖的拍摄场景是非常多的，具体包括山景、水景、林木场景、雪景、草原场景等。针对不同的拍摄场景，所应用的技法有相通之处，也有不同题材自身的特点。本章将就自然风光摄影的一般创作技法及特殊拍摄技巧进行详细介绍。

1.1

山景

利用近景强化深度与空间感

对于自然风光摄影，我们可以借用一句古语"画以深远为贵"来进行描述，即画面要有更大的深度和更强的空间感才会更加耐看。在拍摄山景时要表现出画面深远的意境，将近景夸大，拉开与远处山体的距离，这样既可以让画面更有层次感，又可以让画面显得非常深远耐看。

具体拍摄时注意以下几个要点。

（1）选择广角或超广角镜头，以使画面有更深的景深和更开阔的视野。

（2）尽量靠近近景，降低机位，这样可以将近景在照片当中进行夸大，以便与远处的山体形成一种远近的对比；另外，夸大近景之后可以形成一种夸张的透视感，从而加强与远景之间的距离感。

（3）以中小光圈拍摄，确保画面有更深的景深，近景与远处的山体都足够清晰；很多时候可能需要借助泛焦法进行拍摄，以进一步加深画面景深。

（4）如果近景与山体距离过远，那么可能需要进行景深合成，即分别对近景与远处的山体进行对焦，在后期进行景深的合成，最终得到景深足够深的画面。

一般来说，表现这种夸张的与远处山体进行呼应的近景时，可以选择的对象比较丰富，常见的有散落的花朵以及具有表现力的岩石、溪流、林木等。

这张照片强化的是近景中一些黄色的花，其与远处的山体形成了呼应和联系，形成了一种远近的对比，增强了画面的距离感，让画面显得非常深远。

表现山峰的层次与细节

超广角镜头夸张的透视可以增大画面的深度，但实际上拍摄山景时，我们也可以借助长焦或超长焦镜头，将极远处人迹罕至的山峰细节拉近展现，从而表现其雄伟壮观的气势。

表现这种远处山峰的层次与细节时，即便光线条件比较理想，也建议使用三脚架进行拍摄。在三脚架的支撑下，我们可以设定更低的感光度、中低的快门速度，这有利于我们刻画远处山峰的细节，得到足够好的画质。

这张照片表现的是远处雪峰雄伟的气势与漂亮的光影，整体拍摄相对来说比较简单。

让人物与山景相呼应

"千山鸟飞绝，万径人踪灭"这句诗表现的是一种天寒地冻的山野美景，但实际上在摄影创作当中，如果我们在一些人迹罕至的山区拍摄，在取景时纳入人物，那么人物的出现可以为比较冰冷生硬的画面添加一些生机和活力。并且人物作为一个非常重要的兴趣点，可以与远处的山峰等对象形成一种视线上的联系以及远近的呼应，还有一种大小的对比，从而增强画面的趣味性。因此，在拍摄山景时将人物纳入画面是非常好的一种选择。

当然，拍摄带有人物的山景时应该注意以下几个问题。

首先，拍摄时应该对人物进行对焦，确保人物部分足够清晰。

其次，人物不宜过大，如果人物过大，那么他会分散观者的注意力，让画面显得主次不明。实际上，从某种意义上说，我们可以认为人物是画面中的一种点缀，但他起的作用非常重要。从这个角度来理解，我们可能就不会将人物拍得特别大。

最后，在拍摄人物与山景的这种相互关系时，建议人物穿亮度稍微高一些的衣服，色彩可以鲜艳一些，如红色、橙色等都是比较合适的。

这张照片中，人物与画面右侧的山景有视线上的联系，让画面结构变得非常紧凑。

利用倒影丰富画面内容

在表现山景时，如果山景周边有水，就可以通过调整取景角度，让山景在水面产生倒影。实际的山景与它的倒影会形成一种对称关系，并具有虚实的对比，这会增加画面的看点，使画面显得非常协调。

要表现山景的倒影，山景往往要位于画面的中间位置，也就是居中构图，这样画面给人的视觉感受会更稳定一些。在表现倒影时，如果水面比较开阔，那么整个山景的倒影都可以表现出来；而如果水面比较狭窄，则可能要进行倒影区域的选择。通常情况下，可以将山景的局部倒影表现在画面当中，并且拍摄时要尽量降低机位，这样才能够将倒影拍得更大一些。

因为水面比较开阔，所以画面表现的是整个山景的倒影。

因为水面比较狭窄，所以通过调整取景角度，让远处的山景产生了倒影。

寻找合适的框景

框景构图在表现任何题材时都具有非常鲜明的特点，它能够增强画面的现场感，给人一种仿佛跨过框景就能够踏入画面的心理暗示，并且能够对明显的主体进行强调和突出。在表现山景时，如果远处有非常明显的山峰，我们就可以在近景处寻找一些能够产生框景构图效果的对象，利用框景表现山景的优美。适合作为框景表现山景的对象很多，岩石的缝隙、山洞的洞口、倒下的树木、树枝的缝隙等都是非常理想的选择。

当然，在这种框景与远景距离较远的场景当中，要表现出很好的框景构图效果，往往需要采用景深合成的方式分别对远处的山峰与近景进行对焦，最终进行景深合成。另外，远处的山峰是我们要强调的部分，那么它的曝光应该比较准确，而近处框景部分的曝光值也不能过高或过低，应该呈现出足够丰富的细节。我们在拍摄时可以在标准曝光的基础上稍稍压暗画面，这样画面的影调层次才会足够理想。

借助于山洞的洞口做框景，将远处的银河与山峰框起来，增强了画面的现场感，增大了画面的深度。实际上本画面是经过后期合成得到的，获得了近景与远景都足够清晰的效果。

这张照片利用云雾的缝隙做框景，对远处的山景进行了强化，增强了画面的现场感。

表现山脊连绵的韵律之美

如果机位足够高，可以采用俯拍的角度拍摄山景，借助长焦镜头将远处的山脊拉近，让其与近处的山脊线挤压在一起，形成一种连绵的美感。这种美感来自横向线条重复产生的韵律之美，要表现这种韵律之美，长焦镜头是很好的选择。另外山体部分的曝光值不宜过高，山体处于剪影或半剪影的状态可以强调线条部分，如果曝光值过高，那么山体的杂乱细节会干扰线条的表现力。

在这张照片中，摄影师借助长焦镜头让近处的线条与远处横向的线条形成了一种连绵的韵律之美，并且山间存在大量的云雾，这种高亮的雾景与暗沉的山体形成了一种明暗的对比，丰富了画面的影调层次。

棋盘式构图的山景

如果借助广角或超广角镜头进行俯拍，在机位足够高的前提下，可以表现出远处一座座山峰呈棋盘式分布的效果。棋盘式构图显得非常跳跃，这会让画面有一种轻松活泼的感觉，让观者感受到一种欢乐的氛围。同样，要采用棋盘式构图，画面的曝光值不宜过高，采用剪影或半剪影的方式表现是比较合理的，因为如果曝光值过高，山体呈现出了过多细节，画面就会显得比较杂乱。

可以看到一座座山峰散落在画面中，有一种重复和跳跃的感觉，显得非常欢乐。

山景与水景搭配

从某种意义上说，山景与水景是非常完美的搭配对象，因为山景与水景会形成一种刚柔的对比，让画面有一种既对比强烈又搭配和谐的视觉效果。借助于水景表现山景时，水面区域所占的面积不宜过小，否则画面会失去应有的效果。另外，正如我们之前所介绍的，在水面呈现出山景的倒影是非常理想的选择。如果水景是河流，那么表现河流穿山而过或绕山而行也都是比较好的选择，这样河流与山体的对比会更加强烈。

这张照片表现的是山景与水景结合在一起的状态，有一种刚柔对比之美。

这张照片表现了河流穿山而过的广阔场景，呈现出自然之美。

表现日照金山的美景

　　在日出或日落时分，地面基本处于阴影当中，但是山峰有可能因为角度关系仍处于太阳的照射之中，由此产生日照金山的壮阔美景。要表现这种日照金山的美景，通常情况下山峰部分的曝光值一定不能过高，要避免山峰顶部的许多受光面产生高光溢出的问题，这样才能让山峰部分呈现出更理想的层次细节和质感。而地面部分因为处于阴影当中，有可能会严重曝光不足，通常情况下我们可以采用包围曝光的方式拍摄，在后期进行 HDR 调整，让地面呈现出与山峰相对应的一些近景，从而丰富画面的影调和内容层次。

这张照片表现的是日照金山，有明暗的对比和冷暖的对比，还有上下对称之美。

1.2 水景

水景也是非常好的自然风光摄影题材，因为我们既可以通过快门速度的变化让水景呈现出不同的姿态，又可以将水景与其他景物进行搭配，从而产生虚实关系以及刚柔的对比等。拍摄水景最理想的方式之一是采用慢门，让溅起的水花呈现出拉丝的效果，从而为画面增加一些梦幻感。

用减光镜拍摄慢门水流

表现慢门水流时，如果拍摄现场光线较强，可在镜头前加装减光镜。借助于减光镜，我们可以在光线较强的环境中得到较慢的快门速度，让水流充分雾化，从而强化慢门效果。

拍摄这张照片时采用的是在镜头前加装减光镜的方式，得到了宛若仙境的慢门水流场景。

不借助减光镜得到慢门水流

如果拍摄现场的光线强度不是很大，那么利用低感光度加小光圈的组合也能得到相对较慢的快门速度，让水流呈现一定的慢门雾化效果。当然，我们也可以采用持续连拍、后期进行堆栈的方式得到慢门水流。一般来说，设定 1/2 秒左右的快门速度，连续拍摄 10 张左右的照片，最后进行堆栈，就能得到比较理想的慢门水流。

这张照片是采用缩小光圈、降低感光度的方式得到了慢门水流。

后期制作慢门水流效果

如果没有减光镜或不想进行后期的堆栈处理，也可以直接拍摄，在后期借助于模糊滤镜，尤其是路径模糊滤镜对水面进行模糊处理。当然，在借助模糊滤镜制作慢门水流效果时一定要有耐心，要根据水流的运动方向来制作特定的慢门效果。此外，借助模糊滤镜制作慢门水流效果涉及选区及抠图等操作，相对复杂一些。

前期拍摄得到一定程度的慢门水流效果。

后期添加路径模糊滤镜得到更理想的慢门水流效果。

表现波光粼粼的水面

在表现开阔的水面时，我们可以将水面波光粼粼的梦幻感表现出来，让画面的影调层次变得非常丰富，并且水面波光闪烁的部分会让画面显得梦幻唯美。在表现水面波光粼粼的美景时，如果光线较强，就可以采用局部构图的方式拍摄，不取天空部分，只取水面受光线照射的部分，并且要缩小光圈，避免水面出现大片死白的光斑。而要表现日出和日落时低光照角度的水面，则可以稍稍抬高镜头视角，纳入部分天空，将光源部分纳入画面，与水面的波光形成一种明显的照射关系，为天空增加一个兴趣点，让画面的景别层次显得更丰富。

因为此时的光线比较弱，所以纳入了天空部分。天空部分的太阳与水面的波光形成了丰富的内容层次，氛围浓郁。

可以看到，原本沉闷
的画面因为有了波光
粼粼的水面，影调变
得丰富起来。

将水面倒影拍得更清晰

拍摄水景除了运用常规的拍摄方式之外，我们还可以着重表现岸边一些景物的倒影，让倒影与实际的景物形成虚实的对比，并且有对称关系，这样画面会更具看点。表现水面倒影时，通常情况下要满足以下几个条件。第一，风不宜过大，否则会吹皱水面，倒影就不会清晰。第二，可以借助于偏振镜消除水面杂乱的反光，避免水面过白，从而影响倒影的表现力。但是在使用偏振镜调整偏振角度时一定要注意，如果角度不理想，可能会让倒影不够清晰，所以在拍摄时一定要多调整角度，找到最佳拍摄角度。第三，要降低机位，让机位尽量接近水面，这样可以将倒影拍得更大一些。第四，如果倒影不够理想，我们也可以在后期通过对地景建立选区，然后翻转地景，最终让翻转的地景贴在水面上，与实际的地景形成对应关系，即通过后期的方式制作倒影。

借助于水面的倒影，画面有了对称关系和虚实对比，产生了一种超现实的美感。

表现水景的线条之美

拍摄水景时，慢门、倒影是两个重点。除此之外，水景的线条之美也可以增强画面的表现力，因为线条本身就是摄影创作当中非常重要的一个表现元素。表现水景的线条之美时，我们可以借助于反光强化河流的线条，也可以单独表现蜿蜒的海岸线或湖岸线，从而增大画面的深度。

俯拍草原上蜿蜒的河流，可以看到太阳照亮了河面。降低曝光值之后，画面当中最明显的就是河流由近及远延伸而形成的线条，它增大了画面的深度，让画面显得非常悠远开阔。

这张照片表现的则是湖岸线，其呈现出明显的S形，由近及远引导观者将视线移到画面深处。

1.3 林木场景

在密林当中寻找延伸的线条

在密林当中拍摄时，茂密的树木可能会遮挡视线，让我们无法看清远处的景物，这样画面就会特别容易产生非常拥挤沉闷的感觉，令人感觉比较烦躁。但是如果我们能够在密林当中找到一些由近及远延伸的线条，引导观者的视线，就可以增大画面的深度，让画面显得更有空间感。

这张照片借助于一条蜿蜒的道路引导观者将视线移到密林深处，让画面变得更有深度。

重复性构图的林木

树林当中的线条绝不仅仅只有由近及远延伸的一些道路、河流等，实际上如果善于发现，我们就可以找到一些排列规律的竖直线条。例如树干，它们层层叠叠地重复排列，与之前所介绍的山脊线横向分布有异曲同工之妙，同样会产生一种重复线条的韵律之美。当然，要表现这些重复线条的韵律之美，一定要注意画面当中杂乱的线条不宜过多，否则会破坏画面的美感。

这张照片整体的结构非常简单，拍摄方法是在一片密林当中找到合适的角度，借助于粗细不同但重复排列的大量树干，让画面产生了韵律之美。

表现林木的色彩之美

实际上，表现林木场景时，色彩是非常重要的表现元素。春季的森林中可能繁花盛开，并且有嫩黄的树叶，给人一种生机勃勃的感觉；夏季时，森林是郁郁葱葱的，非常苍翠；而到了秋季，森林则以橙色、黄色等代表温暖幸福和象征收获的色彩为主；冬季时，森林会是一片洁白，尽显冰雪之美。只要在特定的季节借助于合理的过渡方式，表现林木的色彩之美就会非常简单。当然，要注意的是，林木的色彩可能会比较杂乱，所以需要我们在后期对大量的色彩进行一定的协调，从而表现更纯粹的色彩和更干净的画面。

这张照片表现的是秋季时林木的色彩之美。

表现林间的光影之美

阳光穿过繁茂的枝叶射入密林中，会产生强烈的光影。此时，我们就可以借助一些特定的方式来表现林间的光影之美，如逆光表现树叶的透光效果，或者表现阳光穿过密林所产生的云隙光效果。无论表现哪一种效果，强调光效、让画面干净都是非常重要的两个因素。因为密林当中杂乱的枝叶可能会非常多，所以如何让画面更干净就是我们首先要解决的问题。

强烈的光线透过晨雾洒向密林，产生了接近于云隙光的效果，让画面有了梦幻般的美感。

这是逆光拍摄的秋叶透光效果，这种效果可以让被照射物体表现出它的纹理及色彩之美。

用人物或动物作为主体

　　林木场景与山景有一定的相通之处，都是具有自然之美的景观。在这些场景
当中纳入人物可以打破原本冷清的氛围，让画面显得更有生机和活力。

人物的出现，让画面如梦似
幻且更具生机与活力。

疏可走马，密不透风

　　书法理论中"疏可走马，密不透风"的美学观念，应用到摄影领域也同样合适。拍摄林木时，画面要疏密得当、张弛有度，疏的区域让人感觉可以供马驰骋，密的地方让人感觉仿佛风都不能吹过，这种疏密的对比会让画面看起来比较协调。

远处大片的林木给人密不透风的感觉，近处开阔的草地上"疏可走马"。这种疏密安排比较合理的画面给人的感觉也会比较好。

1.4
雪景

中长调的雪景更好看

在表现雪景时，传统观念认为应该要根据"白加黑减"的曝光规律适当提高曝光值，让雪景足够明亮，将雪景洁白的特征表现出来。但实际上近年来，在自然风光摄影当中表现雪景时我们会发现，正常影调的雪景效果也非常好。根据直方图来分析，中长调的雪景给人的感觉会更加柔和，在视觉上更接近于正常影调的雪景。当然，要使这种中长调的雪景给人更好的感觉，通常应注意画面中一定要有对比，如明暗的影调层次对比、色调的适当对比等。有了足够的对比，画面才会足够通透，给人的感觉才更舒服。

观察这张照片，可以看到画面的曝光值并不是很高。如果根据直方图来分析，它表现的是中长调的雪景，画面非常柔和，但是因为存在一些明暗的对比和一些色彩的冷暖对比，所以给人的感觉是比较舒服的。

雪景为何要搭配深色景物

正如之前所讲的，当前比较流行表现中间调的雪景。但无论是表现中间调还是高调的雪景，丰富的影调层次都是确保画面通透耐看的一个前提。在取

景时，在画面当中纳入深色的景物，可以与白色的雪景形成明暗的对比，丰富画面的影调层次，因此取景时纳入深色景物是非常有必要的，包括一些深色的岩石、建筑、树木等都是非常好的选择。

这张照片表现的是雾凇岛的冰雪美景，画面中纳入了一定数量的松树，深色的树干与浅色的雪地进行对比，丰富了画面的影调层次。

在低照度光线下拍雪景

要让雪景画面变得更加耐看，给人的视觉感受更加强烈，那么雪地表面最好表现出较好的质感，给人一种触手可及的感觉。要表现雪地表面的质感，准确曝光是前提条件。另外，光影效果要好，因为很多时候质感来源于合理用光。表现雪地表面的质感时，如果有低照度的光线，这种光线就会在雪地表面拉出非常丰富的影子。这些影子与透光区域所形成的明暗对比就会使雪地表面具有不错的质感。如果曝光值过高或过低，那么这种质感就会变差。

这张照片表现的是一种低照度的光线环境，低照度的光线在近景的雪地上营造出了不错的质感，视觉效果非常强烈。

借助光线表现雪景质感

表现雪景实际上对影调层次的要求是非常高的，良好的光线条件可以产生理想的质感。在没有很好的光线条件时，我们可能要借助于曝光以及后期的手段对画面的光影进行强化，从而使画面达到有光有影的效果。在光线条件不理想时，如果要强调光影效果，可能在后期要下更多的工夫，并且要对曝光值进行一些特殊的设定，类似于包围曝光这种手段可能也需要采用。

这是非常简单的一个场景，但拍摄时借助于低照度的直射光，在雪地表面拉出很长的阴影，从而营造出强烈的质感，使画面显得比较耐看。

营造雪景的冷暖对比效果

雪景往往给人一种非常清冷的感觉，但在弱光环境中拍摄时，我们能够纳入一些温暖的光，比如日落或日出时的霞光，与周边寒冷的雪地形成冷暖对比。一般来说，如果要让雪景画面产生强烈的冷暖对比效果，比较合理的处理方式是在大面积的冷色调中加入少量的暖色调。

可以看到整体环境是冷色调的，而画面中有暖色调区域，虽然面积很小，但是由此形成的冷暖对比效果非常强烈。

1.5

草原场景

草原非常开阔，有丰富的线条和色彩变化，并且可能有更多的拍摄对象，如牛羊等。

草原中的牛羊

在草原地区，牛羊是不可错过的拍摄对象。无论是拍摄一望无际的草原，还是茂密的树林，拍摄时将牛羊纳入画面，可以让观者的视线有一个落脚点，并且可以让画面当中出现明显的主体，从而让不够紧凑的画面显得主次分明，更像一个整体。

这张照片原本表现的只是草原的秋色，但出现羊群之后，画面会更有秩序感，观者的视线也会有一个落脚点。

草原中的河流与道路

因为草原的地势比较平坦，所以不容易呈现出足够的深度和广度。但如果在取景时纳入一定的河流、道路等元素，由近及远引导观者的视线，就可以增大画面的深度，使画面显得更加立体。

画面中间的车辙起到了引导视线的作用，将观者的视线由近处引导向画面的深处，让画面显得更耐看、更有深度。

让草原秋色更具表现力

没有树木的草原的表现力可能会差一些，但如果草原上有大片的树木，那么在秋季来临时，这些树木可以呈现出非常丰富迷人的色彩。表现草原秋色时，光影效果必不可少，一定要借助光影来营造画面丰富的影调层次，这样画面会更具空间感，显得更加立体。而借助于牛羊等对象，则可以在画面当中形成明显的视觉中心。光影和牛羊是表现草原秋色的两大利器。

在原本非常简单的白桦林秋色画面中纳入几只梅花鹿后，画面显得更有生机，也更加耐看。

晨曦中的平流雾丰富了画面的层次，让画面具有梦幻感。

第 2 章
城市与园林风光摄影

实际上，我们所生活的城市当中，可拍摄的对象是非常多的。城市风光摄影涉及建筑外观、建筑内景、街道车流等拍摄对象，一些借助于太阳、月亮等具体景物实现的拍摄，以及古建筑与园林摄影题材。本章将介绍城市风光的实拍技巧。

2.1

拍摄思路

寻找画面的视觉中心

在城市当中，我们在自己居住的小区或者大街上游走时，一般难以轻松捕捉到非常具有表现力的建筑，即便能捕捉到，拍摄效果也不会特别好。所以要表现城市风光，我们就要寻找一些造型或灯光效果等独特的建筑，以此为画面的视觉中心或主体进行画面构建，这样拍摄出来的画面往往更具表现力。

新葡京酒店造型独特，是耀眼的
工艺杰作，非常有气势。

大量摩天大楼矗立在一起，这种画面具有很强的气势。

在狭窄空间里拍摄城市风光

很多时候我们需要在比较狭窄的空间里拍摄城市风光，所谓狭窄的空间，是指机位与拍摄对象之间距离过近。在这种情况下，要将拍摄对象的全貌拍摄下来，就需要有特别大的视角，因此超广角镜头，甚至鱼眼镜头，是更理想的选择。有时即便使用了超广角镜头，我们还是需要进行接片才能够将拍摄对象的全貌拍摄下来，给观者更直观、更完整的视觉感受。

因为机位与建筑之间只隔了一条马路，把建筑完整地拍摄下来比较有难度，所以拍摄时使用了超广角镜头。

这张照片是在北京三里屯拍摄的，可以看到要将近处一些主要的建筑拍摄出梅花桩的感觉，只能使用鱼眼镜头，因为这样才有足够大的视角，才能得到比较理想的画面效果。

在蓝调时刻拍摄

一天中，日出和日落前后是非常适合拍摄的"黄金时刻"。对于城市风光摄影来说，蓝调时刻则是摄影师喜爱的拍摄时间段。

蓝调时刻一般是指日出前几十分钟和日落后几十分钟，此时太阳位于地平线之下，天空呈深蓝色，太阳位置越低，蓝色越深。

蓝调时刻有这样几个明显的特点：天空与地景的主色调是比较深邃的蓝色，画面充满冷静而理智的氛围，并可以让整个城市充满科技感；蓝调的氛围还可以与天空中的余晖混合，为画面增添梦幻感；没有光线照射的一些区域仍然呈现出一定的细节，被灯光照亮的部分也不会因为反差过大而产生高光溢出的问题。

在蓝调时刻，霞光与地景灯光交相辉映。水面、远山、树木等都得到了合理的曝光，而比较明亮的灯光处因为反差并不是很大，也没有出现高光溢出的问题。整体来看，在蓝调时刻拍摄的画面细节丰富完整，色彩表现力较强。

即便没有霞光，蓝调时刻的冷色调也能让画面显得很漂亮，并且画面细节也比较丰富。

借助城市道路引导视线

　　拍摄城市道路，虽然表现的多是霓虹灯和车辆，但道路可以起到引导视线的作用。拍摄时最好调整取景角度，让道路将观者视线引导到一些表现力较强的建筑上。

这张照片展现的是北京城市风光，呈现了非常具有表现力的画面。从照片中可以看到，京通快速路呈 S 形，将观者视线引导到远处的 CBD，从而让画面的结构显得非常紧凑，增强了画面的立体感。

控制城市夜景的高反差

在蓝调时刻，城市慢慢入夜，地面的灯光开始亮起。此时，城市绝大部分区域的反差仍然不是特别大，背光区域与受光线照射的一些区域的反差在可控范围之内，但一些广告牌或照明灯具有非常高的亮度，这些高亮的区域非常容易产生过度曝光的问题，导致画面中出现大片死白的光斑。为了控制这种高亮区域与背光区域的高反差，即便是在蓝调时刻，只要地面亮起了灯光，就建议采用包围曝光的方式拍摄，最终在后期进行 HDR 合成，使高光区域到最暗的区域都能准确曝光，拥有足够丰富的影调层次和完整的细节。

这张照片表现的是北京工人体育场与远处的中国尊等建筑，近处体育场上方的探照灯与远处建筑顶端的广告牌都是高亮区域，要确保这些高亮区域与城市的背光区域都准确曝光，就需要使用包围曝光的方式拍摄，最终进行 HDR 合成，从而得到相对理想的曝光效果。

城市风光摄影的两大难点

前文讲过，在狭窄空间内拍摄城市风光时，应该使用超广角镜头，甚至鱼眼镜头，还有可能需要进行接片拍摄，才能够将拍摄对象拍得比较完整。这时我们会面临一个非常严重的问题，就是在超广角镜头下，城市的建筑、街道等会出现非常严重的几何畸变和透视畸变。如果进行接片拍摄，那么这种畸变会更为严重，所以在接片完成之后，我们需要进行大幅度的几何畸变和透视畸变的校正，最终得到相对规整的照片。

另外，城市的霓虹灯色彩往往会比较繁杂，并且有些灯光会让云层染上一些色彩，在这种情况下拍摄出来的城市夜景照片，其色彩可能会非常杂乱，所以我们在后期需要对一些色彩进行统一和协调，主要思路是将红色、黄色等向橙黄色调统一，而将紫色、蓝色、青色等冷色调向青蓝色调统一，这样可以让画面只有两种主要的色调，整体显得更干净。

这张照片中的问题就非常明显。这张照片是在建筑楼顶俯拍的，城市街道呈明显的V形。实际上，对于这个场景，我们需要使用超广角镜头并进行接片拍摄才能够得到理想的效果。

使用超广角镜头并进行接片拍摄之后，单从画面左侧就可以看出，原本畸变非常严重的建筑变得比较规整，色彩也更协调，因此画面整体的色调干净了很多。

2.2

用对比构图表现城市

与自然风光题材的拍摄相似，拍摄城市风光时，对比构图的使用频率也是比较高的。借助于对比构图，我们可以增强画面的趣味性和故事性，让画面变得更加耐看；可以强调一些高大建筑物的造型、色彩和光影等，让画面具有更强的视觉冲击力，引起观者的兴趣。通常情况下，在城市风光摄影当中，远近对比、高矮对比、冷暖对比、古今对比等对比构图方式比较常见。下面我们通过具体的案例来看一下对比构图在城市风光摄影当中的应用。

1. 远近对比

在高楼里俯拍城市风光，近处的建筑相对来说清晰一些，与远处相对模糊的建筑形成了一种明显的远近对比。

2. 高矮对比

从这张照片中，我们可以明显感觉主体建筑与周围建筑高矮对比。

同样的拍摄角度下，画面中依然有明显的高矮对比。除此之外，铁塔显得非常明亮，而周边的建筑以及天空的亮度要低一些，这种明暗对比对铁塔的造型、色彩、光影进行了强调，使画面有较强的视觉冲击力。

3. 冷暖对比

这张照片表现的是澳门的一处地标建筑，借助于冷暖对比为画面增添了一些特殊的氛围。

4. 古今对比

这张照片中，左侧的古塔与远处的现代化建筑形成了古今对比的效果。

2.3
建筑室内

拍摄迷人的旋梯

在城市中，现代化的摩天大楼内部往往会有非常漂亮的旋梯。从城市风光摄影的角度来说，拍摄这类对象可以营造出简单干净但光影效果、色调效果和造型效果都非常理想的画面，从而表现科技感和造型艺术，展现线条之美和设计之美。表现旋梯时，大多数情况下需要在旋梯中间位置向下或向上进行俯拍或仰拍，且机位越居中，拍摄效果就会越好，从而得到更规整的画面。

这张照片表现的是一家酒店的旋梯，可以看到它的造型是非常独特的，光影效果很理想。

这张照片表现的是古建筑内的木质旋梯。可以看到，中间的一些吊灯照亮了四周的旋梯，从而产生了较好的光影效果和空间感。

拍摄建筑内的抽象空间

在一些现代化的建筑内，我们也可以拍摄建筑内的抽象空间，但这类抽象空间的结构通常比旋梯复杂，这就需要我们调整取景角度，并控制曝光效果，协调画面色彩，从而让画面变得更干净简洁。

这张照片表现的是某建筑内部的一个区域，摄影师通过调整取景角度找到了一个对称的结构，并对色彩进行了一定的处理，从而让画面显得更加干净。

2.4

悬日

悬日和悬月是城市风光摄影当中比较特殊的一种题材，它是指太阳或月亮在某个特定的时间段时，正好位于建筑或街道的上方。下面主要介绍悬日的拍摄思路和技巧。

拍摄悬日的时机与地点

通常情况下，拍摄悬日大多是在春分和秋分这两个时间节点进行的，因为在这两个时间节点上，太阳升起和落下的位置正好在正东方和正西方，我们在东西向的街道上就可以拍出太阳正好在街道上方悬着的画面。如果街道尽头有一些明显的建筑，我们也可以拍摄出太阳正好悬于建筑上方的画面。

小贴士

实际上，悬日并非春分或秋分特有的景象。我们之所以选择在春分和秋分拍摄悬日，主要是因为大多数笔直、宽敞的道路都是东西走向的，与此时太阳升落的方向一致。

这张照片表现的就是天坛祈年殿上方的悬日。这条街道是东西走向的，起到了一定的引导作用。实际上在春分或秋分前后一段时间之内，也可以拍摄悬日，区别在于悬日的高度会有差别。

日常如何拍摄悬日

其实我们平时也可以拍摄悬日，但一般不选择特定的街道，而是选择一些建筑与太阳搭配，拍摄的方向也不是东西向的。我们需要通过 Planit 等软件计算太阳出现在建筑上方或某些建筑所形成的孔洞中间的时间节点以及拍摄位置，从而得到比较特殊的悬日画面。

太阳出现在中央电视台总部大楼中间，画面给人一种非常巧妙、有意思的感觉。

让悬日画面获得合理的曝光

拍摄悬日时，曝光是非常大的一个问题。即便是在日出或日落前后，使用长焦镜头拍摄，太阳在所成画面当中仍然具有非常高的亮度。通常情况下，我们没有办法兼顾地景与太阳的曝光效果，所以实际在拍摄时要采用包围曝光的方式，并在后期进行 HDR 合成。但由于地景和太阳的反差特别大，因此在包围曝光时，我们可以设置更多的包围曝光拍摄张数，比如有的相机支持拍摄 7 张，也有的相机支持拍摄 9 张。包围曝光拍摄张数越多，最终得到的画面会越细腻，影调层次过渡会越平滑。

通过包围曝光拍摄及后期进行 HDR 合成，地面得到了更充足的曝光。当然，因为现场光线很强烈，所以远处的桥体仍然形成了剪影。实际上，如果桥体得到更充足的曝光，画面可能反而不够自然。

2.5
园林·古建筑

表现出园林的特色

在表现园林景观时，一定要抓住所拍摄园林自身的一些特点，比如拍摄江南的一些园林，一定要将其婉约、细腻、优美的特点表现出来，而拍摄颐和园、天坛等时，则通常要借助于硬朗的线条以及浓郁的红色、黄色等色调将其宏伟的气势表现出来。我们在拍摄之前应该有一定的构思和准备，在拍摄时要寻找能够表现园林特色的取景角度。

摄影师在拍摄这张照片时原本只是想表现祈年殿的全貌，但取景时在画面的右侧纳入了红色的圆柱与木门作为近景，这样既增大了画面的深度，又让红色与黄色进行搭配，增强了画面的气势感。

要将树木与建筑结合起来

在表现园林中的一些树木时，如果仅表现树木，画面往往会给人散乱的感觉。如果将树木与建筑进行搭配，画面给人的感觉就会完全不同。

这张照片中，树枝的延伸比较有规律，整体将观者的视线引导到画面深处的建筑上，增大了画面的深度，提升了画面的立体感。

拍摄园林时不能错过水面

在表现园林景观时，一定不能错过水面。因为中国的古建筑大多数是离不开水的，整个建筑区域内会有大量的水面。所以，在拍摄时要借助于水面将园林的设计理念和风格更好地表现出来。另外，我们可以通过倒影与实际的景物形成的虚实对比来增强画面的耐看性。

这张照片中，古建筑与岸边的树木同水面中的倒影形成虚实对比和对称结构，画面显得非常优美。

拍摄古建筑时不能错过框景

　　框景构图可以营造非常强烈的现场感，给观者一种仿佛随时可以跨入画面当中的身临其境的感觉。

　　另外，利用框景，我们可以强调框景内的主体，让主体显得更突出和醒目，让画面显得主次分明、有秩序感。

以铜钉红门作为框景，增强了画面的临场感，给人一种仿佛将要跨过门槛、踏入画面的心理暗示，同时强调了画面中心处的建筑。

拍摄古建筑局部

无论是拍摄自然风光，还是拍摄古建筑物，我们除了可以表现比较开阔的大场景之外，还可以拍摄一些局部的特写。有些时候这些局部的特写可以起到以小见大的作用，丰富观者观察某一类对象的角度，给观者更立体的视觉感受。

这张照片表现的是故宫的一口藻井。我们拍摄故宫时，表现最多的往往是其庄严肃穆的氛围、恢宏的气势，大场景居多。如果我们善于发现和寻找，也可以拍摄藻井这种既有文化承载能力、独特造型，又具有非常好的表现力的对象，这可以增强拍摄主题的说服力。

第3章
人像摄影

  与自然风光摄影相似，人像摄影这个题材也非常广泛，相关的拍摄技巧很多，难以一一介绍，所以本章主要介绍人像摄影中通用的构图与美姿技巧，这也是人像摄影中比较核心的两个方面。实际拍摄当中，只有构图与美姿两个方面搭配得当，画面才会给人更好的感觉。

3.1 拍摄角度与取景范围

1/3 侧面人像

1/3 侧面拍摄角度是指镜头与被摄者的面部朝向成 30°左右的夹角。表现面部轮廓不够立体的人物时,使用这种拍摄角度可以有效地弥补这一缺陷。使用 1/3 侧面拍摄角度,基本上能全面展示人物五官的特征,并且可以避免正面拍摄产生的呆板、木讷等感觉,使人物显得生动、有活力。

小贴士

人像摄影中,1/3 侧面拍摄角度基本上可以满足大多数的拍摄要求。

1/3 侧面拍摄角度非常有利于表现人物的面部轮廓,并且能使画面充满活力。

2/3 侧面人像

2/3 侧面拍摄角度是指镜头与被摄者的面部朝向成 60° 左右的夹角。在这种拍摄角度下，画面中人物面部表现得最为完整的是面对镜头的腮部，并且画面整体能够显示出很好的轮廓感。2/3 侧面拍摄角度在人像摄影中的使用频率非常高，因为采用这个角度一般能有效地改善、美化主体自身的不足之处，如果人物主体偏胖，采用这种角度还能得到明显的"减肥"效果。

2/3 侧面是人像摄影中运用较多的一种角度。

小贴士

拍摄颧骨较高、鼻子较大的人物时一般不宜采用 2/3 侧面拍摄角度，否则会破坏人物面部轮廓线条的平衡感。

全侧面人像

全侧面拍摄角度是指镜头与被摄者的面部朝向成 90° 左右的夹角。通常情况下，采用全侧面拍摄角度的效果要比从其他角度拍摄好，并且画面整体的视觉冲击力更强。但使用这种拍摄角度时，画面效果几乎与人物面部真实的状态完全不同，显示的是自额头到肩部的轮廓线条，表现的只是人物局部。这种拍摄角度在拍摄人物剪影时更为常用，能够规避人物的外貌特点。

全侧面拍摄角度多用于表现人物面部线条的起伏变化，能够使画面具有特定情绪和艺术气息。

小贴士

全侧面拍摄角度一般不用于拍摄面部较长的人物，如果人物的鼻尖很翘，也不宜用这种拍摄角度。

背影人像

如果不将人物的面部特征作为画面表现的重点，而是要表现一种情绪性的画面内容，可以通过搭配合适的环境拍摄人物背影来实现。背影人像题材也很广泛，摄影师不必特约模特进行配合即可完成拍摄，日常生活中的随拍、"扫街"时的抓拍等都可以。通过人物背影来表现画面情感，需要摄影师在生活中发掘和审视身边的一些人物，从穿着打扮等方面找出有个性特点的人物，创作出有内涵的摄影作品。

人物背影会增添画面的内涵，使观者不是通过看人物面部来获得审美体验，而是通过感受画面来获得各种情感上的体验。

人物背影加上大面积的留白，留给观者广阔的遐想空间。

全身人像

全身人像是将被摄者全部的身体纳入画面，同时容纳一定的环境，使人物的形象与环境的特点相结合，两者都能得到适当的表现。拍摄全身人像时，在构图上要特别注意人物和环境的结合，以及人物姿态的处理，避免画面单调与失衡。环境的选择应避免繁杂，强调简单。例如在拍摄站立的人物时，应尽量选择简单、较暗的环境，这样通常更容易突出人物。人物也应避免笔直地站着，可以将头部或身体稍微倾向一侧等。

如果是拍摄坐着的人物，可以让人物做出屈腿、抱膝等动作，使画面富有生机与活力。

全身人像。

半身人像

　　半身人像主要表现人物的上身，背景在画面中通常起陪衬的作用。拍摄半身人像时，既可以考虑让人物上身填满整个画面，也可将一定的背景纳入画面中，以更好地烘托画面氛围。拍摄半身人像除了要注意人物的面部表情以外，同时要兼顾人物上身的姿态，做到面部表情与上身姿态的协调统一。在拍摄过程中可以让人物充分放松并自由活动，否则可能会造成姿态僵硬与表情不自然。

半身人像相对于全身人像来说范围缩小，被摄者姿态的变化更加丰富，有利于摄影师自由发挥。

半身人像。

七分身人像

　　七分身人像一般表现人物面部到膝盖之间的部分，通常还包括手部动作。相对于半身人像与特写人像，拍摄七分身人像时，摄影师有更多的发挥空间，比如更多的背景环境，能够使构图富有更多的变化。因为七分身人像包括人物的手部，并且能够展示人物膝盖以上的部位，画面中能够表现的人物手部动作和姿态就更加丰富。在实际拍摄中，摄影师可以让人物变换造型与姿态，利用多种构图方式，确保画面不会显得沉闷与失衡。不过七分身是一种需要慎用的取景范围，因为画面如果在人物膝盖处终止，很容易给人一种不稳定的感觉。

七分身人像。

特写人像

　　特写人像，顾名思义就是对人物的面部（或包含眼睛在内的大部分面部）进行拍摄。拍摄特写人像时，由于人物的面部占据较大面积，给观者的视觉冲击格外强烈，因此需要严格控制拍摄角度的选择、光线的运用、人物神态的掌握、画面质感的表现，仔细研究有关摄影造型的艺术手段。拍摄特写人像时，一般不推荐使用标准镜头，因为使用这种镜头必须离人物很近，从而容易造成人物的面部歪曲，还可能造成下巴、额头与面部不协调的问题，所以最好选择中长焦距的镜头进行拍摄，避免画面产生透视变形。

特写人像。

大特写人像，重在表现人物的肤质、五官和表情。

3.2
人物美姿技巧

错位让画面富有张力

拍摄人像时，人物的头部、肩部以及胸部，这3个部分的动作和线条变化非常关键。一般我们要使头部与胸部（肩部）的体块错位，避免它们在同一平面，这样的特写动作才会有变化和力度。

黄色色块代表面部，黑色色块代表身体部分。拍摄人像时，应该让这两部分产生一定的错位。

人物的胸部朝向镜头，头部也面向镜头，这样就缺少变化，所以让人物面部错开一些，与人物胸部平面产生一定的夹角，即形成平面错位，就能增加特写动作的力度。

利用人物手臂产生变化

人物的手臂是一个可以被利用的元素。利用手臂摆出摸头发、托腮等姿势，可以为平淡的人像照片加入更多表情和神态，也可让照片更富有生命力和感情色彩。

但是也应该注意，手臂在画面中的比重不宜过大，否则会分散观者的注意力。

手臂姿态的把握是人像摄影中的一个难点，构图时对手臂的截取要自然和恰到好处，否则手臂的存在反而会破坏画面的整体效果。

利用道具产生变化

特写的表现并不是单单依靠自身的体块和肢体，适当加入一些道具，能够增加画面的不确定感和其他特定情绪，有时还可以起到强化主题的作用。例如拍摄校园人像时，自行车、日记本等道具就能够很好地强化主题。

但是与手臂的控制一样，道具也要注意不能喧宾夺主，要使用得合情合理。

利用春联作为道具，让人物与环境的衔接性更强。

利用手提包作为道具来拍摄，与人物青春的气质非常相符。

身体中心线上的 3 个重要部位怎样安排

在站立时，为了支撑整个身体，我们基本只有两种站姿，一是由两腿均匀支撑身体，二是将重心转移至一条腿上。腿和脊柱构成人物站立时的中心线，穿起了 3 个体块：头部、胸部、胯部。以中心线为轴，这 3 个体块可以灵活转动、倾斜，产生透视变化。拍摄人像时，3 个体块尽量不要在一个平面上，否则就会让站姿显得平淡，表现在照片上就会显得非常呆板。

3 个体块的组合变化再加上手臂的动作，能使站姿的变化更加丰富。

拍摄站姿人像时，摄影师要注意提醒人物尽量不要使头部、胸部和胯部在一个平面上，然后结合人物手部与腿部的姿势变化，这样拍出来的照片就会比较自然。

平均站姿和重心站姿

两条腿均匀地支撑整个身体的站姿比较稳定，但是会显得呆板、缺少变化。但这并不是说在这种情况下就不能拍摄了，在双腿并排站立时，腿部最好要张开一些，再结合身体上半部分和手臂的变化，也可营造出自然的效果。

人物的双腿不分主次地支撑身体时，为防止画面显得呆板，人物还可以结合手部动作，营造出一种自然的效果。

大部分情况下，人在站立时，一条腿支撑大部分体重，另一条腿轻轻落在地面上，协助重心腿保持身体的平衡。这也是人像摄影中人物常用的站姿，这样的站姿有利于体现人体曲线，也方便人物进行系列的动作变化。

支撑大部分体重的腿称为"重心腿"，辅助重心腿保持身体平衡的腿就可以称为"辅助腿"。以"重心腿"为中心，"辅助腿"可以向四周进行任意的旋转。两条腿可以产生一系列的组合变化。

　　具体拍摄时，要注意两腿不要叠加出现在镜头中，要让辅助腿适当表现出一定的弯曲度，这种线条变化会让照片显得自然好看。

重心腿和辅助腿的不同变化让画面显得比较自然，并且强化了人物的线条美。

呈站姿时上肢要配合进行动作变化

拍摄人物站姿时，需要表现出体块的错位变化以及上肢的动作变化。人物的手臂、手部、肩部、头部、胯部等的动作变化，可以呈现出很多不同的美姿动作。人物腰部及手臂等的动作变化还可以优化画面的视觉效果，增强画面的视觉感染力。

胯部、胸部、头部及腰部可以随意做出各种不同的动作，画面充满美感。需要注意的是，各个肢体部位最好不要相互重叠或遮挡。

小贴士

在整体动作变化中，保持身体重心始终是关键，这也是保证完成整组动作的必需条件。如果双腿不协调，人物就会失衡。

呈坐姿时怎样营造线条美

拍摄呈坐姿的人物时，关键是在镜头中营造最恰当的身体比例。线条的流畅完整也是坐姿造型处理中的一个不可忽视的问题，坐姿往往会使身体的整体曲线中断，容易使画面显得琐碎、零乱。

但坐姿适合表现上身的造型，尤其是腰部与胸部，所以我们可以充分地利用上身的轮廓来显示人物体形，加上四肢的协调配合，便可展示较为完整流畅的身体曲线。要注意肢体关节处皮肉的扭曲情况，以免产生难看的线条。为防止肌肉扭曲和线条杂乱，我们要注意观察，及时提醒被摄者。

人物从头部到胯部的线条简洁流畅，腿部的姿势非常自然，最终画面效果比较理想。

在表现呈坐姿的人物的线条时，标准及广角镜头更好用一些。例如，我们可以利用广角镜头拉长人物的腿部线条，但除非是要营造富有喜剧效果的画面，否则这种拉长不可过于夸张，达到美化身材的目的就可以了。

侧身的抱膝坐姿

侧身的抱膝坐姿主要用于表现人物的含蓄柔媚。拍摄时，让人物将大腿收起并靠近胸部，在有必要时还可让人物只用脚尖撑地，顶起腿部，从而在视觉上增加小腿的长度，使人物身材显得更为匀称。

拍摄时，人物的面部表情具有很大的可塑性，无论是哪种表情，都能有很强的表现力。

这种坐姿最大的变化和不确定性在于手臂姿势及面部表情。人物可以抱膝而坐；也可以将肘部放在膝盖部位，用手部拖住下颌；甚至可以将肘部放在膝盖上，用双手拂面等。至于人物的面部，则可以做出欢喜、悲伤、忧郁等各种表情。

正面坐姿

人物正对镜头呈坐姿时，过于正襟危坐，难免会带来呆板僵硬的感受；身体完全放松时，又可能会让画面显得过于随意。

拍摄时一定要注意人物的动作设计，并注意人物的表情，再结合拍摄的场景，营造出一种与环境相匹配的动作和情绪表达。

合理的动作设计与表情，搭配合适的环境，给人一种优雅、大方、舒适的感觉。

拍摄坐姿人像的常用技巧

相比于站姿和特写人像，坐姿人像的拍摄难度更大。这里总结了一些拍摄坐姿人像的常用技巧，读者可以在实拍当中进行验证。

- 坐姿人像适合表现静态的感觉。
- 对人物关节处的处理是关键。一般情况下要注意关节处和镜头之间的角度，以免因透视产生难看的夸张变形，如应避免肘部、膝盖等正对着镜头等。
- 对人物脊柱的处理也十分重要，人物的精神面貌和脊柱挺直或弯曲有关，因此，当人物坐下时，我们要提醒人物不要过度弯曲背部。当然，某些特殊主题有要求的可以除外。
- 坐姿人像不易显身形，容易使人物的腹部赘肉暴露无遗，所以要注意遮挡或提醒人物收腹。
- 不同的坐姿适合表现不同的主题，所以我们要控制调整人物相应的神态表现，使人物的坐姿与神态相辅相成。

非常优雅的一种坐姿。

第 4 章
纪实摄影

本章介绍纪实摄影的创作要点，主要内容包括纪实摄影的概念、题材、表现手法及评判标准。

4.1
纪实摄影的概念

　　摄影艺术诞生时，其纪实特性是非常明显的，但这并不表示纪实摄影就随之诞生了。实际上，纪实摄影作为一种摄影艺术流派，有着自己的特征和评价标准。

纪实摄影的英文是 documentary photography，它来源于 20 世纪初法国摄影家欧仁·阿特热使用的"documentary"一词，而这个词源于拉丁文中的"docere"，意思是"教导"，从这个角度来说，纪实摄影作品还要教导观者从它所透露出的真相来认知社会中的某种现象或某些事件。

纪实摄影应当是对自然场景以及人类社会活动进行的真实记录，其内容具有一定的社会意义和历史文献价值。

广义上的纪实摄影包括各种体现摄影纪实特性的实用摄影；狭义上的纪实摄影通常专指社会纪实摄影，它是以记录生活现实为主要诉求的摄影方式，如实地反映摄影师的所见所闻，题材来源于生活和真实，拍摄时不干涉被摄主体、不破坏现场环境氛围。无论是从广义的还是狭义的角度来看，纪实摄影都具有记录和保存历史的价值，具有作为社会见证者的独特资格。

我们经常会听到人文纪实的说法，顾名思义，人文纪实是纪实摄影的一种，侧重于刻画和记录人类社会的文化现象，一般来说，画面中会有人物的出现。人文纪实是纪实摄影中较大的一个门类，但简单地将人文纪实等同于纪实摄影是不对的。

桥洞下的街头艺人。

4.2

纪实摄影的题材

重大事件

纪实摄影用于记录重大事件类题材时，可以引起更多人对事件的关注，从而产生深远影响。这里所说的重大事件，主要是指重大的政治事件、仪式、纪念活动等，一般来说并非突发事件，大多是经过了周密安排才会发生或开始的事件，并且要持续一段时间。

重大事件类题材的照片，无论对于当今还是后世的人们，都极具纪念意义和历史价值。

2008 年北京奥运会期间，场馆外一位外国观众正在求购门票。

百姓生活

与重大事件类题材不同，百姓生活类题材显得更为平凡，但实际上大多数摄影师接触重大事件类题材的机会少之又少，围绕百姓生活类题材进行创作更为方便。这一题材将镜头对准更为广泛的百姓生活，反映百姓的生存和生活状态，其常见的表现对象有人物、生活场景、生产活动、风土人情等。

百姓生活类题材虽然平凡，但却可以展现岁月流逝或时代变迁的痕迹，从而留下难以再现的影像画面，并且随着时间的不断推移，这些画面会具有更高的历史价值。

文化现象

将文化现象作为对象和主题拍摄，就要重视文化现象的内涵，并对其进行系统性研究，才能将文化现象表现得更加准确，确保摄影作品的合理性与权威性。这一类题材将镜头对准乡村与城市、传统与现代、民俗与流行等元素，其中承载着大量文化现象。

苗族三月三的节日庆祝活动。

傍晚，美国一些小镇居民习惯于到咖啡馆聚会，这实际上是一种文化现象。

社会环境

　　社会环境类题材的纪实摄影，将镜头对准人类生存及活动的环境。此处的社会环境不单指人类生活的自然环境，还包括人文环境。具体来说，山、水、空气等自然要素，人工建筑、道路，甚至居民构成等都属于社会环境的范畴。

　　社会环境类题材的纪实摄影通过对各类环境的表现，从而引起更多人对于人类生存环境的关注。

城市周边的社会边缘人。

重要现象

严格来说，这里所说的重要现象与重大事件是有区别的，从字面意思来看，该题材的表现对象是某种现象，而非特别明显和孤立的事件。例如，城市化进程、社会精神文明建设、经济全球化等都属于现象。现象的持续时间相对事件来说更长，事件只是现象的一个范例。

高考前的美术补习班。

4.3
纪实摄影的表现手法

决定与非决定性瞬间

  从记录的角度来说，最能表现事件完整过程的是视频资料，单独的静态影像只能捕捉一些瞬间画面，这也是静态影像的一个弱点。借助于静态影像表现事件时，如果要让画面更具代表性，就要把握和捕捉最能代表事件完整过程的瞬间，这种最具代表性的瞬间也就是法国摄影师卡蒂埃·布列松所说的决定性瞬间。

酒馆艺人表演过程
当中的一个决定性
瞬间。

　　决定性瞬间最能代表事件的整个过程，但除去决定性瞬间，事件是由一个个环境因素及主体人物平淡的瞬间所构成的，这些真实、平淡的瞬间可以称为非决定性瞬间。

　　纪实摄影要求摄影师不但要捕捉精彩的决定性瞬间，还应该记录那些平淡的非决定性瞬间，以更广的视角去创作。

小镇的纪念活
动中，一位表
演人员点燃街
边的火把，这
是一个决定性
瞬间。

在庆典活动中抓拍的一个非决定性瞬间。

黑白影像

纪实的目的并非百分百地还原所拍摄场景中的每一个细节、每一种色彩，其重点是要将事件主题真实地表现出来。从这个角度来看，黑白影像是纪实摄影中非常好的一种表现方式。因为它能消除许多杂乱色彩对人物和事件主题的干扰，让观者能够将注意力集中在人物和事件主题上。从某种意义上来说，纪实摄影作品可能是最适合用黑白影像来表现的。

正在做饭的老人。

多视角组图

多视角组图实际上是指专题摄影，即通过多幅照片集中阐述一个主题，从而全面、概括、系统和深入地反映事件的发展进程和结果，从更立体的角度刻画人物和强化主题。

需要注意的是，拍摄多视角组图时一定要注意不同照片之间的联系，多幅照片要在同一个主题的引领下互相联系、彼此呼应。

下面的多视角组图记录的是一位四川姑娘在餐馆的工作内容和环境。

为客人点餐。

洗菜、切菜。

准备炒菜用的工具。

灶台。

在灶台前忙碌 1。 在灶台前忙碌 2。

4.4
纪实摄影的评价标准

真实性

摄影师拍摄真实的对象是确保纪实摄影真实性的前提，意思是所拍摄的人物

是真实存在的或事件是正在发生的，虚构的人物或伪造的事件都不能作为纪实摄影的题材。但也要注意，有时为了再现某些特殊场景，一些摆拍的画面也往往会被认为是纪实摄影。

我经常会想到摄影师阿尔弗雷德·艾森施泰特所拍摄的《胜利之吻》，实际上这幅作品近年来饱受争议，被质疑为摆拍之作。至于它是否为摆拍作品，这里不予置评。但我个人认为它即便是摆拍作品，也无伤大雅。并且，纪实摄影也不排斥摆拍，只要符合事件的真实过程及发展规律就可以了。

一位苗族老人正在缝制民族服饰，这是非常真实的场景记录。

这虽然是摆拍作品，但记录的确实是江上渔人真实的生活和工作瞬间。

历史证明

摄影艺术的诞生使人类能够保存大量的历史图像信息，这些信息在视觉直观性方面超越了文字，让观者能够更真实、直观地感受历史。从更广义的角度来说，纪实摄影其实是一种记录历史的工具，是一种历史证明。很多文献性纪实摄影作品是我们了解过往的文化、民俗风情的珍贵资料，是非常好的历史证明。

CBD 华灯初上的画面中，有正在建造中的中国尊，若干年后，这便是一种历史证明。

情感与人道主义关怀

　　除少数新闻题材的摄影作品之外，大多数摄影作品都要求摄影师注入真情实感。纪实摄影在很多时候也要求摄影师带着情感去拍摄和记录，这样得到的作品更容易引起观者的共鸣，从而在记录的同时让画面表达一种情感和人道主义关怀，如果没有这种情感和人道主义关怀，纪实摄影作品的效果就会大打折扣。

一个坚强和乐观的留守儿童。

第 5 章
花卉摄影

　　很多人对花卉摄影更感兴趣，因为借助于长焦距、大光圈镜头，可以很轻松地拍摄出理想的虚化效果，容易得到干净、简洁的画面，这与一般的记录性摄影有所不同。从某种意义上来说，能否将花卉拍好、拍精彩，在一定程度上更能体现摄影师的摄影功底以及审美水平。

　　本章将介绍花卉摄影的一些实拍技巧及经验。

5.1

实拍技巧

用单点 AF 拍摄

　　微距摄影对于对焦的准确性要求相当高。近距离拍摄时，有时 1mm 的焦距误差都会使被摄主体虚化。光圈优先模式下，在自动对焦范围许可的条件下，设定单点 AF 可以让相机快速、准确对焦。俯拍郁金香时，如果对花蕊进行对焦，那么在这个焦平面上的部分都是清晰的，其他部分则会呈现虚化的状态。

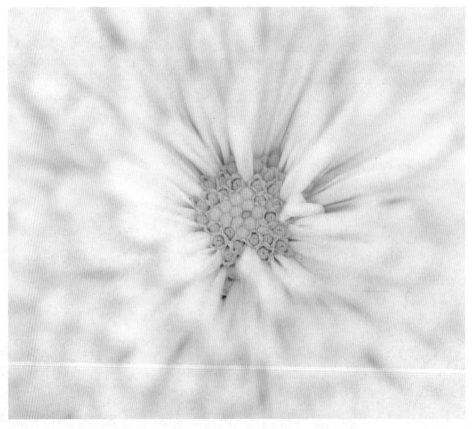

设定单点 AF（甚至是对焦区域更小的定点），才能准确地对花蕊对焦。

先构图后对焦

我们拍摄大部分自然风光类题材时，可以先对焦，然后锁定对焦，再重新构图并拍摄。这种对焦拍摄方式存在余弦误差，近距离拍摄花卉及拍摄其他微距题材时总会产生失焦现象。所以在近距离拍摄花卉时，我们要先取景构图，然后手动选择对焦点直接拍摄。

具体拍摄时，我们根据采用的构图方法，如黄金分割法、九宫格构图法、对角线构图法及对称式构图法等，移动对焦点至适当位置，直接拍摄即可。

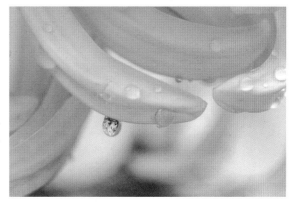

对焦点选择的是某片花瓣下方的水珠，可以看到周边一些花瓣在水珠中的形象都比较清晰地表现了出来。这是花卉摄影中非常讨巧的一种拍摄方式。

选择点测光拍摄

大多数情况下设定点测光拍摄花卉是非常好的选择，这可以确保花朵部分有准确的曝光，将花朵的色彩、纹理表现出来。由于画面存在明暗差别，我们还可以将四周的背景进行压暗或提亮，从而与主体花朵产生较大反差，突出主体花朵并让画面更加干净。

设定点测光拍摄，对明亮的花朵部分进行测光，这样花朵部分能准确曝光，原本偏暗的背景会被进一步压暗，从而让花朵更突出。

少用极大和极小光圈

很多摄影爱好者都追求大光圈、浅景深，以达到虚化背景、突出主体的目的，从而会在拍摄时习惯性地把光圈设置为最大。但采用焦距为 100mm 左右的微距镜头拍摄时，需根据花朵距镜头的远近、颜色的深浅来设定适当的光圈。近距离拍摄时，设置过大的光圈会导致景深过浅，使花朵只有很小的一部分是清晰的。如果想清晰地表现花蕊，需适当把光圈设定得小一点。

这张照片的拍摄看似简单，但实际大有学问：如果光圈过大，那么昆虫的身体必然会有一些区域处于虚化的状态，画面效果会打折扣；如果光圈过小，周边区域就会虚化不够，干扰元素就会变多。所以，设定合适的光圈其实非常重要。在拍摄微小主体时，我们可以多尝试几种光圈和镜头的组合，以得到最理想的效果。

快门速度要快

使用光圈优先模式时，应尽量在光线好、无风的情况下拍摄，但室外几乎没有无风情况，所以在有微风的情况下，若快门速度达到 1/150 秒以上就可以手持拍摄。在光圈确定的情况下，快门速度越快越好。如果在阴天拍摄，由于光线略暗，可适当提高感光度，在 ISO 1000 以内的范围内寻求较快的快门速度。不建议使用闪光灯，使用闪光灯拍出的花卉在色彩和质感上都比较生硬。

花卉摄影与微距摄影有相似之处，设定更快的快门速度可以确保我们拍摄到清晰的画面。如果快门速度过慢，一旦吹风导致花朵轻微摇晃，虽然画面没有产生抖动模糊，但是焦平面会发生变化，在这种极浅的景深下，主体部分就会模糊不清。

5.2

◢ 经验

选择理想的时间段

从光线的强弱来说，在早上 10 点前、下午 4 点后拍摄花卉比较合适，这些时间段内阳光的照射强度适宜。但如果从空气的干净程度和湿度来说，早晨拍摄的效果无疑更好。如果想拍摄霜，则要在日出时拍摄，此时既有阳光的照射，霜也还没化去。阳光和霜不能共存很久，因此要抓紧时间拍摄。

日出前后是拍摄花卉非常理想的时间段，经过夜晚水汽的滋润，花朵会足够鲜嫩，色彩表现力强。从这张照片中可以看到，经过夜晚水汽的滋润，花朵内部变得更加柔和。

准备一个喷壶

在拍摄花卉时，如果是在上午比较晚的时间或下午，那么经过太阳的照射，花卉的表面可能已经比较干涩，这种干巴巴的状态给人的感觉并不会特别好。所以，如果条件允许，我们可以准备一个喷壶。拍摄之前，用喷壶为所要拍摄的花卉喷洒一些水，制造一些雾气。经过水汽的滋润之后，花卉会更加鲜艳娇嫩，并且表面可能会出现一些水珠。借助晶莹的水珠，我们可以丰富画面的影调层次，并能在水珠中呈现一些周边景象，让画面显得更加耐看、更有层次。

拍摄之前，用喷壶在花朵上洒一层水，花瓣上的水珠呈现出一些周边景象，拍摄出的画面就比较有趣。

尝试用多重曝光

实际上，在拍摄花卉时，我们可以尝试使用多重曝光的方法。多重曝光有不同的应用方式，比如可以先清晰对焦，然后改为手动进行虚焦拍摄，这样两张照片叠加在一起时会得到一种柔焦效果，呈现出一种梦幻的美感。另外，我们还可以单独拍摄花朵，再找一片干净的叶子进行多重曝光拍摄，这样画面的色调和影调会更加干净。决定具体使用哪种多重曝光方式进行拍摄前，我们需要对相机的多重曝光功能有一定了解，对多重曝光的叠加效果也比较清楚，做好准备之后再进行拍摄，更容易拍摄出一些与众不同的画面效果。

借助于三脚架固定拍摄视角，先设定手动对焦，拍出模糊的效果，再设定自动对焦拍出准确对焦的效果，两张照片进行多重曝光后，就得到了柔焦效果。

5.3
构图与用光

采用封闭与开放式构图

在花卉摄影中，封闭式构图是指要将所拍摄的花朵或叶片等拍全，给人非常完整、直观的视觉感受。但是采用封闭式构图时，如果控制不好，画面会显得比较平淡，欠缺视觉冲击力，所以我们需要在画面的影调和色彩上寻求一些突破，提升画面的质感和视觉表现力。而开放式构图是指采用长焦镜头或尽量靠近所拍摄的花朵，截取花朵的局部，这是因为有更长的焦距或更近的拍摄距离，我们就可以将花瓣或花蕊表面拍摄得更加清晰，给人更强的视觉冲击力。另外，因为表现的是局部，所以可以让观者想象画面之外的花朵的造型和特点。需要注意的是，采用开放式构图进行拍摄时，所应截取的局部是有讲究的，如果局部截取得不够合理，那么画面会给人一种残缺感，就失去了开放式构图应有的意义。

这是采用封闭式构图拍摄的花朵，借助于明暗以及色彩的变化，画面变得不再平淡。

这是一种开放式构图，截取了花朵的局部，从而让观者产生联想，想象画面之外的一些情况。

避开杂乱的线条与色块

拍摄花卉时，大多数情况下需要使用长焦距或大光圈，从而突出花朵，减少周边环境中的一些干扰元素。在后期处理时，我们可以对这些干扰元素进行处理。但实际上，如果前期拍摄时就刻意避开一些杂乱的线条及大片杂乱的色块，寻找到更干净的背景和前景，那么对突出花朵的形态和纹理是非常有帮助的。也就是说，将很多工作放在前期拍摄的这个环节中完成，可以节省大量的后期处理时间，并且能让画面看起来更加简单、干净和自然。

借助于干净的背景，让盛开的花朵展现出优美的姿态。

表现花卉的形态与色彩之美

无论进行哪一种摄影创作，无论拍摄哪一种题材，充足的准备工作都是必不可少的。在拍摄花卉时，我们应该提前查询一下相关的花语以及花型特点，然后结合自己的认知和想法进行拍摄以及后期处理，从而最大限度地表现出花卉的形态和色彩之美。如果前期准备工作做得不足，即便后续我们有了好的想法，拍出来的画面可能也不够理想。

菊花的花瓣造型非常优美，拍摄时要借助于干净的背景对这种花瓣造型进行强化。

花树相对来说比较杂乱，所以摄影师在拍摄时找到了这样一个使画面显得干净、明亮的角度，从而避免了画面的杂乱，最终强化了花树的形态与色彩。

借助昆虫搭配花朵

为了表现景别和内容层次的丰富性，我们可以借助于一些外物来丰富画面的内容、故事情节或情感、情绪。具体来说，我们可以借助于一些昆虫与花朵进行搭配，形成一种动静对比的效果，让画面更具活力。

借助一只蜜蜂搭配花朵，从而让画面更具生机。

表现花树

与一般的花卉不同，花树因为花朵的分布比较凌乱，而枝条的颜色又比较深，所以拍摄花树会有一定难度。通常情况下，我们可以拍摄远处单独的花树或大片的花树，以较大的色块来让画面显得更加干净和简单。如果要拍摄花树的局部，较好的办法是将花树与周边的一些景物结合起来进行拍摄，这样既可以表现花景之美，又可以让画面更有层次感。通常情况下，木质的古建筑、石墙、水面等都是比较适合与花树搭配的一些对象。

让水面、游船与花树搭配，从而表现出优美的春夜风光。

利用侧光拍摄花卉

从用光的角度来说，无论是前侧光、正侧光还是后侧光，它们照射到一些透明或者半透明的景物上时都可以产生非常丰富的影调层次，在拍摄主体的表面形成明显的分界线——受光面明亮，背光面影调比较深、颜色比较暗，这样就特别容易让画面有丰富的影调层次和较强的立体感。整体来说，侧光是花卉摄影中非常常见的一种光位。所谓侧光，是指光源从花朵侧后方照射，它与逆光有异曲同工之妙，但是运用起来比逆光要简单很多。

这张照片表现的是侧光下的花朵，可以看到画面中适当的光比让花朵的色彩变得更浓郁。

逆光拍摄花卉

逆光拍摄花卉时，拍摄效果与人像的逆光拍摄效果相似。逆光拍摄人像时，人物的发丝处于半透明状态，边缘会产生发际光，也就是说，光线会穿透或部分穿透这种半透明的对象。同理，逆光拍摄花卉时，光线会穿透花瓣，产生一种透光的效果，这种透光的效果容易让花瓣的纹理很好地呈现出来，让花瓣展示出足够好的质感和细节，并有梦幻的美感。表现半透明的花瓣等对象时，我们即使不对背光面进行补光，画面的影调层次也会非常理想。当然，要拍摄出透光的效果，往往需要将机位降低，一些带有翻转屏的相机是比较好的选择。如果相机没有翻转屏，而要在低机位拍摄，可能就需要在相机的取景器目镜之外转接一个比较长的目镜，以便我们观察取景和构图情况以及拍摄效果。

逆光下拍摄的菊花，花瓣产生了透光效果，有一种梦幻的美感。

花卉摄影中主要有哪 3 种对比

对比构图在任何一种题材的拍摄当中都必不可少，花卉摄影也不例外。在花卉摄影当中，常见的对比主要有 3 种：第一种是虚实对比，第二种是明暗对比，第三种是色彩对比。

虚实对比非常简单，只要我们在选择好了视觉中心和对焦位置之后，尽量靠近花朵并用大光圈拍摄，将主体花朵拍摄清楚，背景当中的大量花朵就会被虚化掉，从而与主体花朵形成虚实对比。

明暗对比则是指借助于光线或人为手段将花朵拍摄得非常明亮，同时将背景压暗，以此强调花朵的色彩、纹理和形态。

色彩对比主要是指利用色轮上互补的色彩，使画面的色彩反差比较大，对比效果更为明显。大多数情况下，如果要取得色彩对比强烈的效果，采用互补的配色是最好的选择。比如说红色与青色、黄色与紫色、绿色与洋红色都是常见的互补色，以这些色彩组合进行拍摄，色彩效果强烈，画面具有较强的视觉冲击力。

清晰的花朵与周边模糊的花朵形成了明显的虚实对比。

主体部分明亮而背景黑暗，产生了强烈的明暗对比效果。

这是一种色彩对比效果，绿色与洋红色是一组互补色。互补色的色彩对比效果最为强烈。

遇到杂乱的花景怎样处理

　　面对大片的花卉时，整个场景中的色彩可能比较杂乱。比如拍摄大片的郁金花田，那么场景当中可能有黄色、紫色、白色，甚至红色等不同的色彩，还有明显的绿色枝叶部分，色彩比较杂乱，而花卉又需要呈现出比较鲜艳浓郁的色彩。针对这种情况，在前期拍摄时一定要拍摄 RAW 格式的文件，后期处理时通过调整白平衡以及色相，让画面具备两种主要的色调，这样画面整体看起来就会更加干净协调。如果主色调过多，画面给人的感觉就会非常杂乱。

仔细观察可以看到照片中有大量的色彩，如黄色、绿色、紫色等，但是经过适当的后期处理与调整，最终我们只可以直观地感受到两种主色调，分别是绿色和紫色，画面整体就显得非常干净。

第 6 章
星空摄影

　　星空是近年来非常热门的摄影题材，深受广大摄影爱好者的喜爱。一般来说，星空摄影可以大致分为两类——深空摄影和广域星空（也称为星野）摄影。深空摄影的拍摄主体为太空中的星体、星云等，而星野摄影则以星轨、银河、流星雨等为拍摄主体。

　　本章将介绍星空摄影器材、常用软件及网站等，并对星空摄影的一些重点、难点进行介绍。

6.1
星空摄影技巧

深空摄影

深空摄影作品中的被拍对象往往具有非常绚丽的色彩和奇特的造型结构，令人感受到非常梦幻的美感。但实际上，深空摄影对于绝大多数摄影爱好者来说，门槛是比较高的，比如需要使用专业相机、天文望远镜、跟踪精准的专业赤道仪等。除此之外，要将看似漂亮的星体、星云等对象在照片中表现出来，往往需要使用冷冻 CCD 相机、导星装置等进行数个或数十个小时的拍摄，最终才能记录下被摄对象的更多细节和色彩。

深空摄影往往需要非常专业的设备，包括专业赤道仪、导星设备、天文望远镜等。从图中可以看到这些设备的体积通常是非常大的，也比较沉重，所以对于一般的摄影爱好者来说，深空摄影的门槛较高。

摄影师　刘兵
（网名 Laubing）
这张照片拍摄的是 NGC 7822 的局部，NGC 7822（宇宙大问号星云）是仙王座中的一个发射星云，这个星云中被照亮的尘埃和气体等构成了一个巨大的问号。这个发光的星云内部明亮的边缘和独特的形状在这张色彩缤纷的照片中十分突出。

发射星云是由恒星激发而发光的星云。这些恒星所发出的紫外线会电离星云内的氢气,令它们发光。太空中有很多为人熟悉的发射星云,如M42猎户座大星云,其亮度是比较高的。

反射星云是靠反射附近恒星的光线而发光的星云,亮度较低,较容易观测到的是M45昂星团的反射星云。

当然,并不是说业余摄影爱好者就无法拍摄简单的星云,借助于红外改机及入门级的赤道仪,业余摄影爱好者也可以拍摄一些比较明显的星云。像这张照片,表现的便是冬季猎户座的巴纳德环。

何为500、400和300法则

星星相对于地球是处于转动状态的,不借助于赤道仪,我们即便使用15秒左右的曝光时间,放大照片观察也会发现星星出现了拖尾,呈星轨的状态,即星星不是非常清晰的。要避免这种情况,一是使用赤道仪,二是尽量提高快门速度。但提高快门速度是以提高感光度为前提的,感光度的提高必然会导致噪点大量产生。为了让快门速度更快、感光度更低，我们就要寻找一个平衡点，尽量兼顾星星的拖尾状态与噪点状况。

星野摄影当中有一个 500 法则，即确保星星的拖尾在可接受的范围之内，最长的曝光时间是用 500 除以焦距的值。比如，我们用 16mm 的焦距拍摄，那么将快门时间设为 31.25 秒时，星星拖尾的现象看起来就不是非常严重。但事实上，如果我们放大照片观看，星星还是拖尾了，并且呈星轨的状态。如果想更好地避免星星拖尾，建议应用 400 或 300 法则，即用 400 或 300 除以焦距的数值，例如使用 16mm 的焦距拍摄，那么曝光时间设为 25 秒或 18.75 秒时，拍出来的星星更为清晰。

小贴士

以上的法则适用于全画幅相机，如果是 APS-C 画幅相机，计算出的曝光时间要再除以等效系数。比如说用全画幅相机时的曝光时间是 30 秒，换成 APS-C 画幅相机后，等效系数是 1.5，那么曝光时间就会变为 30÷1.5=20 秒。

使用 500 法则进行拍摄，得到照片后，从标准视角（左上图）看，星星非常清晰。但放大照片（右上图）之后我们可以看到，星星依然有一定的拖尾。所以，建议大家在拍摄时务必遵循 500 法则，甚至 400 法则或 300 法则，在尽量短的时间内完成拍摄，这样星星的拖尾会比较短，画面看起来会更加的清晰。

使用堆栈法拍摄银河

拍摄银河时容易产生的问题是画面当中的噪点过多，因为即使我们使用 f/2.8 的大光圈变焦镜头也往往需要设定 ISO 4000 以上的感光度，进行长达 30 秒左右的曝光。这样照片当中的噪点就会非常多，这会干扰星星的表现。在这种情况下，进行连续的多次拍摄，然后在后期进行堆栈降噪，就是比较好的选择。

这张照片展示了采用固定视角连拍 9 张照片，最后进行堆栈降噪得到的画面效果。可以看到画面当中的大部分噪点都被消除掉了，画质是令人满意的。

使用赤道仪拍摄银河

我们可以使用赤道仪追踪和拍摄银河，得到非常理想的画面，然后单独拍摄地景，对地景进行抠图，将银河与地景进行合成。利用这种方法拍摄的画面非常细腻，但是要进行复杂的后期处理，方能完成照片的合成。

实际上要得到理想的银河画面，使用赤道仪进行拍摄是很好的选择，因为使用赤道仪可以确保相机与银河同步移动，两者保持相对静止状态，即使我们设定较低的感光度、较长的曝光时间，星星也不会拖尾，这样拍摄出的照片会有较高的画质。

银河摄影后期的重点是什么

　　一般意义上的银河摄影后期，是指借助于选区、蒙版等功能，针对银河区域进行清晰度、对比度的提升，并提高色彩饱和度等。

　　当前还有一种比较实用的办法，就是用 Nik 滤镜，结合蒙版工具，调整银河的对比度、色调等，对银心部分进行强化。

原图

效果图

原图表现的是一般的星空，但经过后期处理之后，银河的纹理以及色彩都呈现了出来，这是因为我们借助于 Nik 滤镜对银心部分进行了强化。通过这种强化，我们可以将银心的表现力进行大幅度的提升，从而得到想要的各种不同的效果。另外，本案例图还进行了地景的合成。

6.2
星空摄影器材分析

为什么说全画幅相机更适合拍摄星空

拍摄星空题材，从相机的角度来说，首先要看画幅。一般建议选择全画幅相机，全画幅相机的成像画质通常来说要优于 APS-C 画幅相机。在弱光环境当中，全画幅相机的高感性能会更好一些，用它拍摄出来的照片更加平滑细腻、噪点更少，这是相机内部感光元件的尺寸所决定的。全画幅相机本身的做工更好，感光元件的尺寸更大，在像素相同的前提下，像素之间的距离会比较大，成像时像素之间受到的干扰会更小，单个像素的受光率更高，这样在弱光环境当中，用全画幅相机拍出的照片会具有更高的画质，更少的噪点。

当前，无论是摄影器材还是拍摄手法等都有了较大的进步。在摄影器材方面，全画幅无反相机或单反相机都能够满足拍摄星空题材的要求。

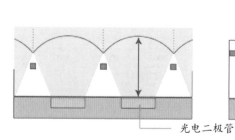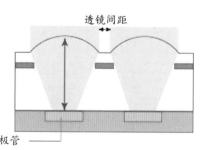

全画幅相机相比于 APS-C 画幅相机，感光元件上的元器件间距比较大，这种大间距会减少光线彼此间的干扰，让成像效果更加理想。

改机

当前的数码相机为了能够正常还原所拍摄场景的色彩，都会在感光元件前面加一片滤镜，用于滤除红外线，该滤镜称为红外截止滤镜。如果没有这片滤镜，日常拍摄出的照片就会偏红，这是一种白平衡不准的画面色彩效果。

在星空摄影领域，许多星云、星系发出的光线波长都集中在 630 ～ 680nm，光线本身就是偏红色的。但红外截止滤镜的存在会使得这些光线的透过率低于30%，甚至更低，这就会导致拍摄出的照片当中星云、星系的色彩魅力无法很好地呈现出来。这也是我们用普通相机拍摄星空，画面里很少有红色的原因。

为了表现星云、星系等的色彩效果，星空摄影爱好者就会对相机进行修改，称为改机。改机主要是将机身的感光元件，也就是 CMOS 前的红外截止滤镜移除，更换为 BCF 滤镜。

改机之后，感光元件可对波长为 650 ～ 690nm 的近红外线感光，让发射星云等呈现出原本的色彩。

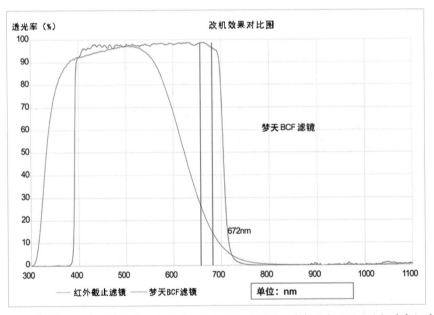

图中显示的是改机机构"梦天天文"提供的改机效果对比图，蓝色曲线呈现了改机前在红外截止滤镜影响下的效果，可以看到波长为 600 ～ 700nm 的光线大部分被滤除了，而改机后，波长为 400 ～ 700nm 的光线的透过率都非常高。这样就可以确保星云等发射的光线有更高的透过率，更容易感光。

1. 并不是所有星云的颜色都是红色，只有发射星云的颜色是红色，而许多星云本身并不发光，只是反光体，这类星云的颜色偏深，并不是红色。

2. 改机后，在正常光线下拍摄的照片将会偏红，此为正常现象。

3. 改机不影响自动对焦。

4. 不同相机的结构不同，滤镜的尺寸、厚度不同，改机后光程可能会发生改变，这就会导致相机的法兰距发生变化，但专业改机人士会将法兰距调整到改机前的准确状态，确保法兰距不变。

5. 改装后的相机可以复原，但是复原的工作量非常大。

业余摄影爱好者如果不是专攻深空摄影，可以借助于改装后的相机拍摄猎户座大星云、巴纳德环星云，以及仙女座大星云等比较近的深空对象。

一般来说，改机对于相机的破坏性比较大，但我们需要在弱光环镜下获得更理想的画质，所以入门级的全画幅相机是比较理想的改机选择，如佳能 EOS 6D、尼康 D610 等机型都比较合适。

这张照片表现的是川西姊妹湖的星空，可以看到猎户座的巴纳德环星云，色彩非常漂亮。

如何选择三脚架与云台

1. 三脚架

拍摄星空时，稳定度较高的三脚架是必需的。如果使用轻便型的三脚架，由于其承重能力有限，我们需要降低机位，甚至紧贴地面拍摄。相对来说，兼顾稳定和便携的碳纤维材质的三脚架是比较好的选择。

2. 三维云台、球形云台

与三脚架搭配的云台我们也需要着重了解一下。拍摄星空时，使用三维云台或球形云台都是可以的，但我更推荐球形云台。球形云台也叫万向云台，其主要特点是操作起来很方便，只需要一个锁紧动作就能固定相机，但是缺点是承重能力比三维云台弱，细微

带有球形云台的三脚架。

调整构图时不太方便。三维云台可通过 3 个不同方向的锁扣来确定相机的方向，承重能力强，能够比较精确地调整拍摄角度，缺点是操作比较烦琐。

L 形快装板与分度云台的优点

拍摄星空时，我们经常要根据银河的形状来调整相机的拍摄角度，比如说竖拍时会有更大的视角，竖拍也更有利于进行银拱接片时。如果没有特殊的装置，要进行竖拍就需要将相机向中轴的一侧旋转，但是这种旋转往往会导致相机取景有一些水平线上下高低的变化，不利于接片操作，甚至可能会导致后期接片失败。

借助于特定的 L 形快装板和分度云台（可设定特定的转动角度，确保素材之间的重合率恒定），可以将相机竖直放在云台上进行竖拍，这样可以确保每次更改拍摄角度时都是准确的，并确保接片素材的水平线不会出现较大偏差，确保最终获得更高的接片成功率和更好的画面效果。

在购买 L 形快装板时，一定要查看该快装板的参数，看它是否能够匹配机身。

分度云台。

这张照片呈现的是银河的全景画面，是借助于 L 形快装板将相机竖起来进行拍摄，然后横向接片得到的。

计时快门线的优势

　　在星空摄影领域，快门线的选择也有一定讲究，不带计时功能的快门线或遥控器是无法满足拍摄要求的。通常来说，快门线应该支持定时和间隔拍摄，这样才能够满足延时拍摄以及获取堆栈素材等的要求，并充分提高拍摄时相机的稳定性。原厂的快门线功能相对单一并且售价高，性价比较低。业余摄影爱好者可以使用类似于品色等副厂的快门线。只要确保不严重磕碰，这些快门线在寿命以及可靠性方面还是比较有优势的，操作起来也比较方便。

个人比较推荐品色的快门线，既有无线的，也有有线的，功能比较丰富，可以支持间隔拍摄、定时拍摄、持续连拍等非常多的操作，并且比较便宜。

借助于计时快门线拍摄大量素材，后续对素材进行处理，可以输出延时视频。

拍摄星空怎样选择镜头

除相机之外，星空摄影对于镜头性能的要求是非常高的。一般来说，广角和超广角镜头是拍摄星空必备的。建议尽量使用高性能、高品质的超广角镜头，如尼康的 14—24mm f/2.8 这款镜头，最大光圈为 f/2.8，它是拍摄银河比较理想的镜头，虽然在最大光圈方面有所欠缺，但其出色的性能基本上能够保证我们在任何光线条件下拍摄出大体令人满意的照片；与之相对应的是佳能的 16—35mm f/2.8 镜头，这款镜头为第三代产品，相对于之前的第一代和第二代产品，它在画面四周的暗角抑制方面更具优势。

无论是佳能、尼康，还是索尼，主流的超广角大光圈变焦镜头主要有 14—24mm f/2.8，以及 16—35mm f/2.8 等镜头，对于入门级的星空摄影，使用这些镜头已经足够。

这是使用佳能 16—35mm f/2.8 镜头拍摄的星空，银河清晰可见，画质能够令人接受。

　　除原厂镜头之外，使用一些副厂的高性能定焦镜头拍摄星空往往也能获得比较理想的画质效果。当前用于拍摄星空题材、比较流行的副厂镜头有适马的 20mm f/1.4 和 24mm f/1.4 DG HSM Art 等超大光圈定焦镜头。

　　使用超大光圈定焦镜头拍摄星空，往往会获得令人意想不到的完美效果。由于镜头的光圈足够大，我们就可以尽量降低感光度来抑制噪点；与此同时，还可以让比较暗的地景得到足够的曝光，这是一般变焦镜头所不具备的优势。

适马 20mm f/1.4 DG HSM Art。

适马 24mm f/1.4 DG HSM Art。

　　这里需要注意一个问题，适马等副厂镜头在色彩还原等方面稍显不足，原厂镜头的成像锐度比较理想，对色彩的还原比较准确。

佳能 EF 24mm f/1.4L II USM。

这是用佳能的 24mm f/1.4 镜头拍摄的天文台及星空，从照片中可以看到一些星星出现了明显的彗差，这会破坏画面的表现力。

赤道仪的优势

拍摄星空为什么要使用大光圈和高感光度的曝光组合？原因其实很简单，就是在更短的曝光时间内实现充足的曝光，但这样就牺牲了照片的画质。

降低感光度可以吗？降低感光度后长时间曝光可以得到细腻的画质，但对于拍摄星空来说，这显然不行，因为地球是在不断转动的，如果使用慢速快门，拍摄出的照片当中星星都会产生拖尾，变为星轨，当然无法呈现银河的细节。

也就是说，以传统手段拍摄，是无法得到画质与细节都非常理想的星空画面的，有了细节就有大量噪点，没了噪点就会出现星轨。

要解决这些问题，就需要一台赤道仪。既然星空相对静止，地球不断自西向东自转，那就设计一种装置，其转动方向与地球自转方向相反，该装置相对于星空就是静止的，这种装置就是赤道仪。将相机放在赤道仪上，相机相对于星空就是静止的，即使长时间曝光也不会导致星星拖尾。这样我们就可以拍到画面非常细腻，并且星星不会拖尾的高画质星空照片。

入门级赤道仪体积比较小，便于携带，并能满足一般的星野拍摄要求。当然，要使用赤道仪还需要借助于指星笔等附件，指星笔用于寻找北极星对极轴（确保赤道仪正好沿与地球自转方向相反的方向转动，并正好抵消地球自转的速度），之后才能完成赤道仪的固定等操作。

这是借助于赤道仪拍摄的银河，可以看到画面的细腻程度是非常理想的。

拍摄星空的特殊装备及附件

随着社会的不断发展，城市化水平不断提高，随之而来的便是光污染的急剧扩大。现在拍摄星空，寻找地面光源较弱的拍摄地点已经相对较难。地面光源强烈对于星空摄影来说是一场灾难，因为它们会照亮夜空，让银河等被摄对象变得暗淡。所以在进行星空摄影时，我们可以使用光害滤镜抑制背景光，突出被摄对象。

光害滤镜主要分为两类：一类是在城市重度光害环境下使用的 UHC，另一类就是在市郊轻度光害环境下使用的 L-Pro。其中，适合拍摄发射红外线的天体的是 UHC，适合拍摄全光谱的反射星云、星系、银河等的是 L-Pro。

光害滤镜。

　　星空照片与肉眼直接看到的场景的差别是比较大的，曝光合理、对焦准确的无月星空照片当中，星星会非常密集，如果要表现银河等纹理比较清晰的对象，过于密集的星星会干扰银河的表现力。通常在表现这种题材时，后期要进行一定的缩星处理，弱化密集的星星以强化银河的纹理。

　　对于星星过于密集的问题，前期拍摄时可以使用柔光镜来解决。拍摄之前，在镜头前加柔光镜，许多比较小的星星就会被柔化掉，比较大的星星也会变得比较柔和，星星整体的亮度变得更加均匀，这样有利于凸显银河的一些结构和纹理，银河的表现力会更强一些。

数码单反相机一般可持续拍摄500～1000张照片。对于拍摄星空题材来说，实际的拍摄张数往往更少，因为单次的曝光时间比较长，耗电量会更高一些，并且冬季夜晚在室外拍摄时，低温会导致电池电量消耗更快。所以我们需要多准备一些备用电池，有时候为一台相机准备两三块备用电池都不一定能满足拍摄的需求。微单相机耗电更快，所以我们可以准备一个充电宝，在拍摄期间随时准备为相机充电。如果购买的充电宝无法连接相机，可以购买特定的USB转接线，确保充电宝可以顺利为相机充电，从而不用担心电池电量不足的问题。

夜晚进行摄影创作，照明灯具必不可少。使用头灯会比较方便，头灯不占用双手，可照亮周边的环境。还有一种照明灯具叫泛光灯，泛光灯的光线更加柔和，可用于对地景进行补光，让地景呈现出更多的细节和层次。补光时，使用光线强烈的直射灯不太合适，很容易引起局部补光不匀的问题，如有些局部过度曝光，有些局部仍然太暗。

夜晚，野外只有微光，甚至没有任何光线照明。拍摄时，为了避免发生磕碰以及摔伤，一个轻便的头灯是必不可少的。马灯主要不是用于照明，而是作为拍摄用的道具。

这张照片当中，人物提着马灯作为地景的一部分，这样可以丰富画面的内容，增加画面的看点。

6.3
星空摄影的常用软件及网站

虚拟天文馆

仅从星空摄影的角度来说，建议大家使用 Stellarium（中文名为虚拟天文馆），这是一款虚拟星象仪的软件，有计算机版和手机版两个版本，它可以根据观测者所设定的某个时间和地点，计算行星和恒星等的位置，并将其显示出来。它还可以绘制星座、虚拟天文现象（如流星雨、日食和月食等），并显示任意一天当中天体的升落时间、运行轨迹。

虚拟天文馆是我个人非常喜欢的一款软件。这款软件可以详细展示我们所能观测到的星空当中各种天体的升落时间、亮度等信息。并且我们可以利用它预测不同地点的星空状态，进而进行星空动态演示，这为拍摄星空提供了有益的参考。

半岛雪人

如果你喜欢拍摄星轨，那 StarsTail（中文名为半岛雪人）插件是必不可少的。早期这款插件是免费的，功能也比较全面、强大，后期该软开始收费，但同时保留了免费版本。这款插件免费版本的功能被缩减了很多，收费版本的功能更加丰富。

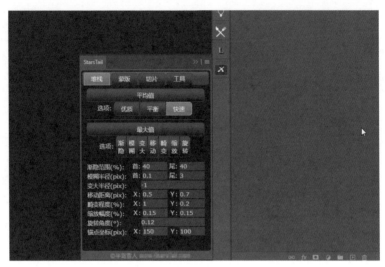

该插件的安装和使用都比较简单，安装插件后，插件就会出现在 Photoshop 的扩展工具栏当中，使用时直接单击就可以了。

半岛雪人这款插件可以帮助我们更加快速地合成星轨，并且可以让星轨呈现一些特殊的扭曲、渐隐效果，画面看起来会更漂亮。

这是在故宫的午门拍摄的星空，先固定视角拍摄大量静态画面，后期借助于半岛雪人插件进行堆栈处理，主要使用该插件的扭曲和渐隐等功能，最终得到比较独特的星轨画面。

时间地图网

农历的每个月月初与月末，夜晚基本上没有月光，此时银河受到的干扰几乎没有，但月中往往是满月状态，明亮的月光会让银河变得几乎不可见。但农历与公历不同，我们不能用公历日期来推测月相。因此我们可以通过时间地图网查询拍摄目的地的月出月落时间表，从而有针对性地控制出行拍摄的时间。

在时间地图网中，我们可以通过月出月落时间表查看某个月份当中每一天月亮升落的时间，从而可以快速地计算出某一天能够拍摄银河的时间段。

第 7 章
手机摄影

　　手机摄影是一个比较特殊的领域，虽然它从艺术创作的角度上与专业摄影没有太大的差别，但手机这种摄影器材本身就很有特点：它的操作更简单、直观，它的像素很高但解像力较差，本章将介绍手机摄影这种创作方式。

7.1

初步认识手机摄影

当前的智能手机在摄影、摄像功能方面有了较大幅度的改善，比如成像的锐度更高、拍摄角度更广泛等，能够拍摄出相对比较理想的照片。本节将介绍与手机摄影相关的一些基本知识与技巧。

像素、数码变焦与光学变焦

像素是衡量摄影器材拍照功能的一个重要指标，但像素高低与照片好坏并无直接关系，即便是从画质的角度来说，镜头分辨场景能力的高低或解像力的高低也更重要。所以我们不能说摄影器材的像素越高，用它拍出的照片越好。

这是夜晚拍摄的动物，虽然拍摄所用的相机只有1200万像素，但可以看到画面的细节非常丰富。即使使用最高端的手机进行拍摄，我们也会发现根本无法拍摄出如此理想的画面。

这是用手机拍摄的夜景，可以看到虽然画面整体比较协调，但是天空的细节损失比较严重，并且一些暗部的曝光也不是很理想。

　　对于绝大多数手机来说，它们的变焦方式主要是数码变焦。当然，华为的部分手机借助于多个摄像头已经实现了一定的光学变焦，但效果仍然不算特别理想。光学变焦是指借助于摄影器材内部的光学镜片变化，改变对焦位置，最终将远处的景物拉近，或将近处的景物推远。无论拉近或推远，这都类似于望远镜的功能，这样拍摄出的照片当中，即便是非常远的景物也有非常清晰的成像效果。

　　所谓数码变焦，是指拍摄下单一画面之后进行局部的裁剪，达到放大画面的目的，它与光学变焦所能达到的效果差距非常大。

使用光学变焦，将人物拉近，可以看到画面依然非常清晰。

这是一张利用数码变焦将远处人物拉近后拍摄的照片，我们可以看到画面细节损失比较严重。

正确的拍摄姿势

拍摄照片要有正确的拍摄姿势，这有利于提高拍摄的稳定性。拍摄时一旦手机晃动，那么拍出的照片可能不够清晰。要得到理想的拍摄效果，有正确的拍摄姿势只是一方面；另一方面，在需要较长时间才能完成的拍摄过程中，小型三脚架等稳定设备是必备的。下面先从正确的拍照姿势这个方面介绍如何提高手机拍摄的稳定性。

所谓正确的拍摄姿势其实非常简单，是指无论是竖拍还是横拍，最好都是双手控制手机，两只手分别端住手机的左右两侧，并要端平、端稳，拇指放在快门按钮上，食指用于控制对焦位置和测光，之后用拇指按下快门按钮即可。要注意，拇指轻轻触碰快门按钮即可，千万不能以手腕发力带动整只手做该动作，否则会导致对焦位置偏移，并造成画面模糊。

无论是横拍还是竖拍，确保手机稳定之后，拇指轻轻触碰快门按钮即可完成拍摄。

手机摄影附件

1. 小型三脚架

如果经常要用手机拍摄，一个小型三脚架是必不可少的。借助于小型三脚架可以提升拍摄时的稳定性，让拍摄出的照片更加清晰。另外，小型三脚架携带比较方便，不会占用太多的空间。

拍摄夜景时，在长时间的拍摄过程当中，如果手持手机拍摄，即便有手机算法的优化，画面的清晰度也难以保证，但借助于小型三脚架就可以拍到画质非常理想的夜景画面。

2.手机夹子

没有接触过专业摄影的用户，可能认为有一个小型三脚架就够了，实际上要将手机固定在小型三脚架上，应该单独购买一个简单的手机夹子。手机夹子非常便宜，但不可或缺。

用手机夹子固定手机。

调整手机的屏幕方向。

小贴士

使用手机夹子将手机固定到小型三脚架上之后，可以很方便地调整手机的横向或纵向角度。

3.自拍杆

如果要外出旅游，那么一根自拍杆几乎是必不可少的。使用自拍杆夹住手机进行自拍，可以得到更好的视角。如果手持手机自拍，将手伸向远方会导致肢体扭曲，容易产生不自然的感觉。借助于自拍杆拍摄却不会有这样的问题，如果自拍杆使用得好，可以拍出很多有创意的照片，而且画面显得非常自然。

安装手机后的自拍杆。

4.稳定器

如果你喜欢用手机拍摄，一个稳定器就是必不可少的。如果没有稳定器而是手持手机拍摄视频，那画面的抖动往往会非常严重，影响观者的观影效果。使用稳定器虽然不能完全将拍摄画面稳定下来，却可以让画面抖动得到很大幅度的优化，给人更舒服的观影感受。

装有手机的稳定器。　　　　　　用手机拍摄的视频画面。

5.外接镜头

手机自身的镜头不可能有太大的体积，这就会限制手机拍摄的效果。比如说要拉近远处的景物，效果往往不会特别理想，因为拉近景物的过程并不是基于光学变焦，而是手机进行了数码变焦，相当于对用正常镜头拍摄的照片进行了裁剪，这就会导致照片画质下降。

借助于外接镜头，我们可以得到更远的拍摄距离和更高的画质。在手机摄影当中，外接镜头往往是必不可少的。

外接镜头。

即便不使用外接镜头，借助于莱卡的镜头技术，用华为手机拍摄一般场景时，画质依然足够理想。

近年来，无论是华为还是其他品牌的手机，大多都有多个镜头，这会导致在安装外接镜头时并不是那么方便，而高性能的外接镜头又比较昂贵，所以说是否安装外接镜头需要我们根据自身的情况以及对照片的要求来决定。如果仅是单纯记录生活，以及记录旅游见闻，而非进行专业的风光或人像摄影，并不建议配置外接镜头。

实际上，进行专业的风光以及人像摄影时，即使为手机配置了外接镜头也不会有特别好的效果。要追求极致的画面效果，还是应该使用专业的微单或者单反相机进行拍摄。

小贴士

华为手机的 50 倍光学变焦技术，能够让我们拍摄极远处的对象。但要注意，我们不能对一部手机的远摄功能抱有太高的期望，限于镜头体积、拍摄时手机的晃动等因素，一般来说使用手机的远摄功能很难拍摄出特别细腻的画面。

这是使用华为手机 50 倍变焦拍摄的月亮照片。

7.2
手机的拍照设定与使用

分辨率设置

在用手机拍摄照片之前，建议设定一下照片的分辨率。以华为手机为例，启动相机之后，在拍摄界面右上角点开"设置"菜单，从中就可以看到"分辨率"选项。

点击"分辨率"选项即可进入"照片分辨率"设定界面。不同型号的华为手机支持的分辨率会有差别，这里介绍的是华为 Mate 20 的 3 种分辨率，分别是 3968 像素 ×2976 像素、2976 像素 ×2976 像素和 3968 像素 ×1984 像素。所谓分辨率，实际上是指所拍摄照片的像素数，将长边像素乘以宽边像素，得出的积就是照片的像素数。

当然，分辨率当中还包括长宽比。比如，长宽比是 4:3 和长宽比是 18:9 的照片所带来的视觉感受是不同的。

下面 3 张照片分别使用了 4:3、1:1 和 18:9 的长宽比进行拍摄，可以看到画面效果是完全不同的。

长宽比为 4:3 的照片。

长宽比为 1:1 的照片。

长宽比为 18:9 的照片。

小贴士

有一个问题需要注意，即所谓的 18:9 实际上是在 4:3 的基础上裁剪得到的，而且从宽边来看，很明显长宽比为 4:3 的照片的宽边更长，长宽比为 18:9 照片的宽边要短一些。从照片的效果上也可以看到，这种裁剪关系是非常明显的。这样一来，拍摄的照片当中，长宽比为 4:3 的照片像素更高一些，而长宽比为 1:1 和 18:9 的照片像素就会低一些。

参考线

参考线是指在拍摄时手机屏幕上出现的帮助构图的线条。进入"参考线"设定界面之后，可以看到有"九宫格""黄金比例""左螺旋""右螺旋"等。

大部分情况下，九宫格这种参考线的使用频率更高一些。在选择该选项后，我们可以将要重点表现的景物放在九宫格的交叉点上，这是比较理想的构图形式，因为它既能突出主体，又可以让画面显得比较自然。

所谓的黄金比例，是指古希腊科学家欧几里得发现的一种比较完美的视觉分配比例，经过厂商优化之后，被内置到了摄影器材当中。

至于左螺旋和右螺旋，是由黄金比例演化出来的，大家可以选择进行尝试。

进入设置界面。

选择开启"九宫格"参考线。

从两个画面来看，无论是采用九宫格（左图）还是采用黄金比例（右图），作为主体的花朵给人的感觉都是比较突出和明显的，并且画面也显得比较自然。

测光、曝光与对焦操作

使用华为手机进行拍摄，默认条件下手机会自动对场景进行对焦和测光。对焦时手机会自动寻找场景当中的人物并对人物面部进行对焦，如果我们要改变对焦位置，用手指在想要对焦的位置上点一下就可以。完成对焦的同时也会完成测光，并且对焦点和测光点是一致的。

对焦和测光完成之后，如果要改变照片的明暗，那么可以在对焦位置的一侧，在出现的滑动条上进行上下滑动。具体操作时，用手指上下滑动就可以改变曝光值。向下滑动表示降低曝光值，向上滑动表示提高曝光值，照片会相应地变暗或变亮。

这张照片呈现了相机默认的对焦及测光效果，对焦点在树上，并且画面整体比较清晰，但从测光的角度来看，背景当中的天空有些过于明亮。

用手指向下滑动测光滑动条，降低曝光值，得到更理想的拍摄效果。

焦内与焦外

　　下面介绍焦内与焦外的知识。拍摄一般的风光题材时，画面整体都是清晰的，那么所有的景物都处于景深范围之内；拍摄一些人物或花卉时，我们可能会发现人物或花卉是清晰的，但背景是模糊的，这表示人物或花卉等主体处于焦内而背景处于焦外。焦内指清晰呈现的区域，焦外指虚化模糊的区域。

这张图中标出了焦内及焦外的范围。要注意，焦内与焦外的过渡是比较平滑的，如果过渡不够平滑，那么照片看起来会不够自然。

这是一张花卉照片，可以看到背景是虚化模糊的，这样一来，杂乱的景物得到了抑制，突出了清晰呈现的花朵部分。如果仔细观察，可以发现花朵与背景之间的过渡是比较平滑的。

这张照片中，场景内所有的景物都处于焦内，都是清晰呈现的。

拍照模式

拍照模式是摄影创作当中非常重要的一个功能。对于专业摄影师来说，他们需要选择不同的拍摄模式进行拍摄，而手机上也有类似的功能。当然，手机上拍摄模式的命名方法与相机上的并不相同，手机主要设定了拍照模式、专业模式以及各种比较常用的场景模式。

首先来看拍照模式。所谓拍照模式，实际上是由手机智能判断拍摄对象的类型，并根据拍摄对象的不同来选择不同的模式。

小贴士

需要注意的是，使用拍照模式时，如果想要由手机自动识别场景，需要在"设置"界面中打开"AI摄影大师"功能（以华为手机为例）。

人像模式

除拍照模式之外常用的几种拍摄模式，如人像模式、夜景模式等，在手机中单独列了出来。比如要拍摄人物，那么可以设定为人像模式。此时手机会自动降低对比度和饱和度，适当地提高曝光值，这样可以让人物的皮肤更加白皙、光滑。另外，在拍摄界面，我们还可以手动设置美肤级别，美肤级别越高，人物皮肤越光滑。

夜景模式

在夜景模式下，借助手机强大的算法，我们可以手持拍摄，一般拍摄时间为5秒左右。拍摄时要尽量保持手部稳定，提高拍摄的稳定性，在完成拍摄之后用手机进行堆叠处理，最终将弱光下的场景拍摄得明亮清晰。

大光圈模式

对于初学者来说，大光圈模式可能有些难以理解。在这种模式下，手机会增大光圈，让我们想重点表现的景物变得非常清晰，而让不少陪衬景物得到虚化，这样可以使画面做到虚实合理。

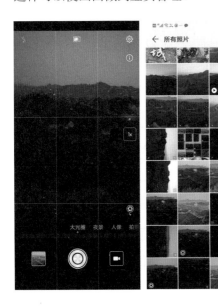

使用大光圈模式拍摄的照片左下角有一个小光圈的图标，我们选择该照片之后放大观看，可以手动改变光圈，从而调节画面的清晰程度。

上方左侧这张照片呈现的是将光圈增大的状态，可以看到画面中的场景是虚化的，而向右拖动滑块改变光圈值后，可以看到画面中的场景是清晰的，如上方右图所示。（光圈值越小，实际光圈孔径越大；光圈值越大，实际光圈孔径越小。）

专业模式

专业模式对应的是专业摄影当中的 M 模式，即全手动操作模式。初学者可能不太理解专业模式下各种参数的含义，我在这里大致介绍一下。

感光度是指拍摄器材对于光线的敏感程度，感光度越高，越容易得到充足的曝光量。在拍摄夜景时，如果我们提高感光度，那么用手机拍摄的照片会更明亮，但与之相对的是照片的画质会有所下降。

在专业模式下对焦相关的设定中，左侧是植物的图标，右侧是山峰的图标，分别对应的是对焦在近处以及对焦在远处。我们应该根据拍摄对象进行选择。比如要拍摄近处的人、植物或其他的对象，就应该将对焦位置设定在近处；而如果要拍摄远处的山峰以及天上的星星等对象，则需要将对焦位置设定在远处。当然，这样进行设定时需要先提前选择 f 或 mf，f 表示自动对焦，mf 表示手动对焦。如果是在光线比较理想的白天拍摄，那么我们可以不用进行设定，直接选择自动对焦就可以比较准确地对焦；如果是在夜晚拍摄，手机无法完成自动对焦，就需要设定为手动对焦。

此外，我们还可以设定白平衡等参数。建议初学者找一些专业书籍，适当进行学习，对各种专业术语有一定了解，这样对后续使用手机的专业功能大有裨益。专业模式有一个好处——它能够拍摄 RAW 格式的文件。拍摄之后，我们可以在计算机上对 RAW 格式的文件进行处理。RAW格式的文件能将更多的拍摄细节记录下来，确保最终得到的照片画质更加理想。

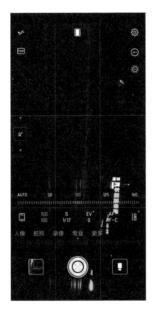 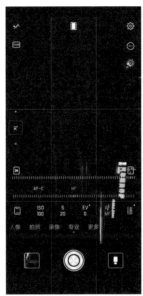

这张照片就是使用专业模式拍摄的，可以看到，摄影师通过使用专业模式，拍出了使用专业相机才有的效果。

7.3
手机创意与拓展拍摄

借助于强大的算法，在拍摄一些特殊题材时，手机要远比专业相机更加方便。例如，借助于手机，我们可以一次性拍摄出全景接片的效果、HDR 效果等。

全景接片及技术要点

即使使用手机相机内的超广角功能拍摄，也会因为拍摄距离太近、景物范围太大而无法将景物拍全。因此在面对一些范围较大的对象时，我们可以使用全景接片的方式进行拍摄。

接片时开启全景接片功能，按下快门按钮后，保持手机在一条直线上进行左右或上下的平移拍摄，可以得到全景接片的效果。在风光或建筑题材的拍摄中，这种方法经常被用到。

小贴士

拍摄全景时，我们常用的方式是左右移动手机进行接片。实际上我们也可以上下移动手机进行全景接片，有时可以得到令人意想不到的效果。

这个场景距离镜头太近，因此无法直接将整个画面一次性拍摄下来。借助于全景接片功能进行拍摄后，最终将想要表现的景物完全收纳了进来。

这个场景当中，云海翻腾的景色非常优美、壮观。如果直接拍摄，无法将云海全纳入画面中，因此开启接片功能进行横拍，最终将云海以及长城美景完全拍摄了下来。

HDR 及技术要点

无论哪种拍摄器材，直接拍摄一些高反差场景时，往往无法同时容纳高光以及暗部的细节。比如暗部足够清晰，高光就会溢出；反之则暗部会完全变黑。这都是不够理想的，即照片无法同时兼顾高光与暗部。这时开启手机内的 HDR 模式拍摄，可以同时将高光与暗部的细节和层次都记录下来，得到比较理想的照片。

所谓 HDR，是指高动态范围影像。其原理是分别以高光、阴影以及中间调区域的明暗为基础拍摄 3 张照片，然后在手机内进行合成，最终得到比较理想的照片。

直接拍摄的照片当中，天空存在严重的过度曝光，即便进行了后期修复，天空部分仍然没有理想的细节和层次。

159

以 HDR 模式进行拍摄，最终将天空及地面的细节和层次都完美地记录了下来。

流光快门

流光快门是华为手机中非常重要的一个功能，开启流光快门之后，可以看到车水马龙、光绘涂鸦、丝绢流水和绚丽星轨这 4 种模式，它们分别对应 4 种场景。用这些模式进行拍摄，会得到非常理想的效果。

1. 车水马龙

如果要拍摄夜晚街道上的车流线条，那么车水马龙模式是比较好的选择。

2.光绘涂鸦

光绘涂鸦模式则用于拍摄手持光绘棒的场景或快速挥动一些其他光源所产生的光线轨迹。由于使用这种模式拍摄需要单独购买光绘棒、钢丝棉等光源或燃烧物，所以说实际上光绘涂鸦模式应用的场景并不多。

3.丝绢流水

丝绢流水模式则用于在白天拍摄慢门流水，可以得到非常梦幻的丝质流水效果。

当然要注意，无论是使用丝绢流水模式、光绘涂鸦模式还是车水马龙模式，都需要借助三脚架进行长时间的曝光才能得到相应的效果。

4.绚丽星轨

　　绚丽星轨这种模式非常强大，在华为手机算法的加持下，我们可以借助于华为手机拍摄出漂亮的星空。设定该模式之后，借助于三脚架对着天空拍摄，可以将天空中的星星拍摄得非常清晰。如果我们要拍摄夜空当中的银河等对象，使用这种模式也可以得到很好的效果。

小贴士

实际上使用绚丽星轨模式拍摄的画面并不是完全真实的，而是经过算法强化的。就如同许多其他弱光场景一样，使用手机拍摄时都需要经过算法强化才能得到更好的效果。

7.4
决定手机摄影成败的关键

手机这一拍摄器材的技术操作是非常简单的，在大部分智能模式下，光圈值、快门速度、感光度这类参数的设定都是自动化的，我们只要关注取景范围、对焦点（手指触控即可）、画面的明暗程度（用手指在屏幕上上下滑动）即可。而对于专业模式来说，它更适合有一定摄影基础的人使用。

也就是说，手机摄影简化了拍摄要求，我们只要将关注点放在摄影创作的艺术角度就可以了。用通俗的话来说，即我们只要关注拍摄时的取景构图以及画面的光影和色彩效果即可，这也是决定手机摄影成败的关键。

利用手机拍摄的长城雪景。

第 8 章
短视频入门

当前，短视频已经成为移动网络时代人们获取信息的重要手段和途径，也是信息传播的一种形式。

本章将介绍短视频入门的相关知识和技巧。

8.1

短视频常识

视频尺寸划定标准

视频尺寸，是指视频的长边和宽边的像素。因为受视频长宽比的限定，所以视频尺寸往往是有一定规律的。需要注意的是，有些特定的视频尺寸并非统一标准。

视频尺寸数字的后面往往会有一个 I 或 P，这是指逐行扫描（Interlaced scan）或隔行扫描（Progressive scan）。这是从显像管电视时代传下来的概念，当前的液晶电视都采用逐行扫描，但许多电视信号的传输仍然采用隔行扫描。所谓隔行扫描，是指信号的传输并不是全图一次性传完，而是将画面分成一定数量的行数（大多是视频尺寸后面的数字，如 1080I 就是 1080 行），每次传输的画面只占了一半的扫描行。虽然人眼因为视觉反应时的影响看不出视频画面的不完整，但实际上隔行扫描得到的画质要比逐行扫描的差。逐行扫描就比较简单了，是整个画面一次性完成信号传输，画面影像是完整的。

隔行扫描的示意图。

当前的视频尺寸划定标准并不是太统一，不同网站对于高清、标清等的定义也不一样。这里有一个表格，相对来说其划定标准是比较准确的。

全高清视频的长边一般在 2000 像素左右，但通常不称其为 2K 视频。4K 视频的分辨率为 4096 像素×2160 像素，3840 像素×2160 像素的视频也称为 4K 视频；8K 视频的分辨率为 7680 像素×4320 像素。

分辨率代号	所属标准	水平像素	垂直像素	备注
CIF	标准化图像格式	352	288	VCD
480P	数字电视系统标准	720	480	DVD/标清
720P	高清晰度电视标准	1280	720	高清
1080P	高清晰度电视标准	1920	1080	蓝光/全高清
2K	数字电影系统标准	2048	1080	全高清
4K	数字电影系统标准	4096	2160	超高清

帧频与码率

帧频是指每秒放映或显示的帧或图像的数量。帧频主要用于电影、电视或视频的同步音频和图像中。当前比较先进的摄影器材，可实现 120 帧 / 秒的帧频，能拍摄出非常细腻的画面。

帧频会直接关系到视频播放是否顺畅。每秒播放越多的帧数，即帧频越大，在观者看来视频播放就越顺畅。过小的帧频会导致视频播放时断时续。（作为参考，电影用 24 帧 / 秒的帧频就能使观者感到播放顺畅。）

码率是指数据传输时单位时间内传送的数据位数，一般我们用的单位是 kbps 即千位每秒。对于这一概念，通俗一点的理解就是取样率，单位时间内取样率越大，视频画质就越好，处理出来的文件就越接近原始文件。文件体积与取样率是成正比的，所以几乎所有的编码格式重视的都是如何用最低的码率实现最少的失真。

视频格式及特点

大多数人接触到视频格式是在借助于播放器播放视频的时候，如果播放器不支持某种视频格式，我们可能还要对视频进行解码。这里的视频格式，严格来说应该称为视频封装格式。一段视频当中，除拍摄的视频本身之外，可能还有之后添加的配音、音效和字幕，将这些影像、文本和音频打包封装在一起，要按照某种格式进行，这便是视频封装格式，也就是我们通常所说的视频格式，如 mp4、avi、mov、mkv 等。

在进行视频后期制作时，我们可能会接触到另外一种所谓的"视频格式"，比如在 Premiere 等软件中剪辑完视频，输出时要选择 H.264 这种格式，进而输出 mp4 格式的视频。这里的 H.264 实际上是一种视频的编码方式，常见的编码方式还包括 MPEG1、MPEG2、MPEG3、MPEG4，以及 H.264 的前身 H.261、H.262、H.263 等（当前已经发展到了 H.265，采用这种编码方式可以有更高的压缩比，得到更好的视频画质）。

延时视频

延时摄影又称 Timelapse，是一种将时间压缩的拍摄技术，指把拍摄的一组连续照片或视频通过后期处理，让数分钟、数小时甚至数天的拍摄过程压缩成一个短时视频，通常应用于城市风光、自然风景、天文现象等题材的拍摄。

先来了解一个常识。视频拍摄，本质上说是通过记录静态影像的方式来实现动态效果。一个静态画面可以称为一帧画面，当帧频达到 20 帧 / 秒以上时，我们便可以看到动态连贯的视频。长期以来，电影的标准帧频便是 24 帧 / 秒，这样就可以确保我们看到的电影能够流畅地播放。而专业相机一般最高可以实现 60 帧 / 秒的帧频，这样的视频画面更流畅。

如果不进行特殊处理，视频与实际所发生的事件是同步的，意思是一个事件持续了 5 分钟，那么所拍摄的视频也会是 5 分钟。如果我们要记录某个场景在一天内的变化情况，那就要拍摄一整天的视频，这样拍出的视频显然是不利于观者观看的。当然，我们可以采用快进的方式来观看，但这会存在明显问题，即数据量太大。可以想象，记录了一整天的变化的视频，其数据量是何等庞大。快进虽然解决了观影时间过长的问题，但无法解决视频包含的数据量太大而不便于存储的问题。

借助于延时视频表现日出时太阳缓缓升起的动态过程。

8.2

短视频分类

短视频

短视频与长视频是根据时长来区分的。传统意义上的电影、电视剧、纪录片等，可定义为长视频，这类视频的时长往往都超过 20 分钟（一集 / 部）。十几分钟的微电影，相对于一般长视频来说可以称为短视频。但随着视频技术的不断发展和人们观看习惯的变化，即便是时长较短的微电影，相对于当前比较流行的短视频来说，还是显得太长了，所以我们仍然可以将其归于长视频一类。

比较一致的观点是这样的，短视频是指在各种新媒体平台上播放的、适合在移动状态和短时休闲状态下观看的视频，时长在几秒到几分钟不等。短视频主要依托移动智能终端传播，适宜在微信、QQ 等社交媒体平台分享，更是抖音等多种自媒体平台的主要分享内容。

相比传统长视频，短视频的信息密度非常大，观看短视频的时间成本更低。另外，因为短视频往往体量比较小，更容易传播，也更容易受到人们的欢迎，因为几秒到几分钟的视频内容填补了人们的碎片化时间，契合了人们在单位时间内获取更多知识、新闻或娱乐信息的诉求。当前，短视频已经成为移动网络时代人们获取信息的重要手段和途径，也是信息传播的一种形式。

我们要知道一个前提，即短视频是没有标准定义的，是一个相对的概念。例如，假如当前时长为 5 分钟的视频可以称为短视频，但或许几年以后，只有时长为几秒的视频才会被称为短视频。

Vlog

Blog 音译为博客，是指人们在网络上发表或张贴的文章或日记，也可用于称呼用于发表博客内容的网站。博客上的文章通常以网页形式出现，博客是继 MSN、BBS、ICQ 之后出现的第 4 种网络交流方式，受到人们的欢迎，代表着新的生活、工作和学习方式。

Vlog 即 video blog（视频日志或视频博客），是博客的一种类型，以视频代替了文字或图片的博客内容。

Vlog 的定位比较随性，大多数博主只是记录个人的生活状态和思想感悟，但另外一些计划性更强的博主，会长期坚持分享专业技术知识，可能专注于艺术、摄影、视频、音乐等不同主题，拥有大量粉丝后，往往会进行一些商业化的尝试，庞大的粉丝群体是其赢利的主要源头。

微电影

微电影是指专门通过各种新媒体平台播放的、适合在移动状态和短时休闲状态下观看的、具有完整策划和系统制作体系支持且具有完整故事情节的"微（超短）时"（几分钟到60分钟）放映、"微（超短）周期"（7～15天或数周）制作和"微（超小）规模"（几千元至数千 / 万元每部）投资的短片（视频类电影），包含幽默搞怪、时尚潮流、公益教育、商业定制等主题的内容，可以单独成篇，也可系列成剧。它具备电影的所有要素：时间、地点、人物、主题和故事情节。

8.3 视频拍摄的技术与理论运用

长镜头与短镜头

"长镜头"中的"长"，指的不是实体镜头的长短或焦距，也不是镜头距离被摄主体的远近，而是开机点与关机点之间的时长，也就是影片片段的长短。长镜头并没有绝对的标准，是相对而言较长的单一镜头，通常用来表达导演的特定构想和审美情趣，例如演员的内心描写镜头、武打场面镜头等。

长镜头是指用比较长的时间（有的长达 10 分钟），对一个场景、一场戏进行连续拍摄，形成一个比较完整的镜头段落。顾名思义，长镜头就是在一段持续时间内连续摄取的、占用胶片较多的镜头。这样命名主要是相对于短镜头而言的。摄影机从一次开机到关机拍摄的内容为一个镜头，一般一个时长超过 10 秒的镜头称为长镜头，时长不超过 10 秒的则为短镜头。

运镜技术

1.推拉运镜

推拉运镜是拍摄中运用最多的手法之一。推镜头是从较大的场景逐渐转换为局部特写场景，被摄主体从小变大。拉镜头的运动方向与推镜头相反，局部特写场景逐渐拉开变成较大的场景，拉镜头一般用来交代被摄主体所处的环境，也常用于视频结尾。

2.横移运镜

横移运镜跟推拉运镜相似，只是运动轨迹不同，推拉运镜是前后运动，横移运镜则是左右运动，主要是为了表现场景中人物之间的空间关系，常用于视频的中间。

3.升降运镜

升降运镜是一种特殊的拍摄方式，需要结合稳定器／延长杆来进行拍摄。随着镜头的高度变化，所呈现的画面极具视觉冲击力，给人一种新奇而深刻的感受。

4.跟随运镜

跟随运镜就是镜头跟随被摄主体移动。我们可以从被摄主体的正、反方向进行跟随运镜，但是要确保与被摄主体保持相同的移动速度，同时要注意脚下的安全。

5.俯视运镜

俯视运镜是镜头从低处慢慢移动到高处，比如把拍摄地面的镜头慢慢向上倾斜，直至拍摄到被摄主体的全景，这样可以展现被摄主体的高大。

6.环绕运镜

环绕运镜就是在低角度的情况下，镜头围绕被摄主体旋转一圈拍摄。注意环绕半径要保持一致，旋转速度要相同，建议搭配飞宇稳定器 AK4500 进行拍摄，其提壶手柄的设计，能让我们在拍摄低角度场景时更方便省力。

分镜头

写分镜头脚本是我们创作影片必不可少的前期准备。分镜头脚本的作用，就好比建筑大厦的蓝图，是摄影师进行拍摄，剪辑师进行后期制作的基础，也是演员和其他创作人员领会导演意图、理解剧本内容、进行再创作的依据。

8.4

视频后期七大技术

视频编辑是指对拍摄的视频进行整体的素材拼接和删减，进行素材间衔接效果的制作，为视频配音、制作字幕等。在手机上，所有的这些环节可能都可以借助于相应的 App 实现，操作非常简单。但实际上，掌握一些视频剪辑、转场和特效制作的常识和原理，有助于我们制作出更理想的视频作品。

剪辑

剪辑是影视后期制作流程之一，是指剪辑师将前期拍摄的视频素材与声音素材重新分解、编辑、组合构成一部完整视频的过程。我们经常听说某部电影的一些片段被剪掉了，就是指后期加工时通过剪辑将这些片段删掉了。

有时候剪辑也被称为蒙太奇，蒙太奇是 Montage 的音译词，也是指把分切的镜头组接起来的手段，并且在组接镜头的过程当中，会有镜头顺序的调整、部分镜头的删减等。

短视频剪辑是非常重要的环节，只有通过剪辑，我们才能将所有素材重新整理编排，使镜头连贯、有艺术表现力。说得通俗一点，剪辑能让短视频更吸引人。

转场

视频段落与视频段落或镜头与镜头之间的过渡或转换，就叫转场。如果镜头之间的转场有一定的特效，如渐隐、淡入、淡出等，就可以使视频产生丰富的效果，给人更绚烂的视觉感受。如果镜头之间的转场是自然过渡而没有任何特效，视频就会显得平淡一些，但很多时候这样做可以给人舒服顺畅的感觉。

借助于叠变转场，实现了两个场景间的自然切换。

特效

1.变速

变速分为快进、慢动作两种类型。

视频快进时能够缩短播放时间，比如可以将1分钟的视频用10秒的时间播放完毕，这种操作可能会使视频产生一些喜剧性效果。另外针对一些变化不大的场景，快进可以提高观影效率，比如表现一些街道车流等场景时，快进会让视频的播放与观看都更有效率。

慢动作是指将正常播放速度的视频拉长，通过慢放的方式让观者更清晰地观察视频内的更多细节。比如，慢动作可以表现水花四溅、运动员冲刺、球体落地的瞬间等精彩画面，让视频极具现场感。

2.倒放

倒放就是将视频倒着播放，有时候会给人一种比较特殊的视觉感受。播放一些有移动动作并且比较明显的对象时，倒放的效果会非常理想；播放一些静态风光等画面时，倒放的效果并不明显。

3.旋转

旋转的意义在于让视频适应手机的长宽比。什么意思呢？其实非常简单，比如有些视频是竖版的，但观看视频时，为了让观影效果更理想，我们会横屏观看，那么有时候画面就会比较小。针对这种情况，在进行后期处理时，我们可以将视频进行旋转，以适应手机的长宽比；或者也可以这样认为，在进行视频剪辑时，有的视频片段是横版的，有的是竖版的，为了使最终的视频效果更协调，所以我们可能要将竖版的视频旋转为横版的，将素材统一起来。

注意，旋转会改变视频内景物的朝向，给人不舒服的感觉。所以是否要进行旋转，需要根据这样做是否有必要性来具体判断。整体来看，应尽量少进行旋转操作。

4.滤镜

这里的滤镜主要是指手机相机中内置的色彩滤镜。这类滤镜可以确保我们拍摄出或剪辑出影调和色调都更具特色的视频。例如，拍摄或后期处理视频时，使用"富士"滤镜，可以让视频的色彩更加浓郁，其暗部不会特别黑，而是变得偏灰一些，显得更加轻盈。从本质上说，许多色彩滤镜都可以模拟胶片相机的拍摄效果，让画面变得更具质感。

同期声

同期声即同期录音，是指在拍摄视频的同时进行录音的创作方式。采用这种方式录制人声和动作音效，可以缩短视频制作周期。同期声并不是说同期录音完毕后就不需要在后期对声音进行处理，在专业的视频制作领域，我们还要在后期对视频进行降噪或瑕疵修复处理，确保同期声的效果更好。同期声在拍摄故事片、科教片等题材时经常采用。

手机拍摄短视频的录制效果可能会很差，并且后期也很难进行降噪等处理，所以是否保留同期声要根据短视频的属性和需求来决定。对于一些纪实、新闻类的短视频，只要能让观者大致听清同期声，获取一定的信息，就可以保留同期声；而对于一些旅行、风光等题材的短视频，可以将同期声去掉，后期加上背景音乐及一些特殊音效就可以了。

配音

限于视频拍摄现场杂乱的状态，或录制设备性能的不足，同期声可能会有很多问题。比如录制过程当中出现鸟叫声、鸣笛声等杂音，如果当时杂音较小，可能只有在录制完成后在安静的地方回放时才能够发现。

在同期声无法达到理想状态，或对视频的声音有特殊要求时，我们可以为视频单独配音。配音是指为影片或多媒体加入声音的过程，也指配音演员替角色配上声音，或以其他语言代替原片中角色的语言对白。由于声音出现错漏，由原演员重新为片段补回对白的过程也称为配音。

在短视频领域，需要配音并对口型的情况是比较少的，一般的短视频制作不需要进行专业的配音。需要进行专业的配音的情况可能会出现在一些商业广告、宣传视频的制作过程当中，并且通常不是为人物配音，而是以旁白的方式进行一些信息的描述。

BGM 与音效

1. BGM

BGM 是 Background music（背景音乐）的简称，也称为配乐，通常是指在电视剧、电影、动画、电子游戏、网站中用于调节气氛的一种音乐，将其插入视频当中能够增强视频的感染力，让观者有身临其境的感受。

BGM 是视频中不可或缺的重要元素，它不仅需要配合故事情节的发展，还必须有自己独特的风格，是视频内容信息的润滑剂与推进器。

2.音效

虽然 BGM、配音都是音效的特殊种类，但我们通常所说的音效，是指为了增强视频的艺术效果而配的声音，视频当中的一些特殊声音如雷声、雨声、走路声、风声等都属于音效，这些音效的出现使得视频内容更自然、更真实。

早期制作音效是极其困难的，为了捕捉某一种音效，拟音师往往要"守株待兔"很长时间，比如为了录制冰块融化的声音，录音师要提前在冰块上安装录音设备，然后等待冰块融化。当前，随着科技的不断发展，很多音效都可以通过软件得到。

字幕

视频中的文字通常被称为字幕，字幕一般包括片名、配音文字、演职员表等信息。

一般来说，我们每秒可读解 6 ～ 8 个汉字，而视频中的字幕有长有短，伴随着视频画面的切换，其呈现的时间也并不一致。但是对于一般长度的句子来说，其在视频中呈现 3 秒以上就可以让观众看清并理解画面的含义。

针对视频的语音或内容配以字幕，可以帮助观者理解视频内容。另外，字幕也能用于外语或方言节目中，让观者既能听见原作的声音，也可以理解节目内容。

视频媒体中，字幕与画外音、解说词同样重要，它能丰富观众的视觉感观，更直观地传达给观者其所要了解的信息，对视频来说既是点睛之笔，又可起到升华画面主题的作用。如果字幕能和画面完美地结合起来，就能大大提高视频的可视性。

2020年4月2日
从黑马河到大柴旦

在技术类视频当中，字幕可以让观者更准确地接收视频内容。